特拉维夫
百年建城史
L'Atlas de Tel-Aviv

以色列规划建筑译丛
主编：王骏　摩西·马格里特（Moshe Margalith）

特拉维夫百年建城史

1908—2008 年

L'Atlas de Tel-Aviv : 1908-2008

[法] 凯瑟琳·维尔 - 罗尚（Catherine Weill-Rochant）著
王 骏　张向荣　张 照　译

总序

作为以色列驻华大使，我很荣幸能为即将出版的《以色列规划建筑译丛》作序，希望这套丛书有助于中国读者了解以色列纷繁复杂而富有魅力的历史。

中国和以色列有很多相通之处，都有悠久的历史，相似的家庭观念，重视教育，并且历经数百年的艰辛成为现代化的国家。

为促进相互了解、延续友谊，双方都有必要更深入地了解对方的历史。我希望这套丛书能够帮助读者更好地理解当今以色列的发展状况，并通过对以色列历史和文化遗产的阐述推进两个国家今后在这些领域的更为广泛的合作。

我在此恭贺王骏和马格里特两位教授，这套丛书是他们多年来学术合作的丰富成果之一。还要感谢中国读者对以色列历史的关注，希望你们能从这些著作中更深入地了解以色列历史。

马腾·维尔奈

(Matan Vilnai)

以色列驻华大使

总序

为促进对文化遗产的保护和研究，由王骏和马格里特两位教授发起，中国同济大学，同济城市规划设计研究院城市开发分院、联合国教科文组织（UNESCO）现代遗产教席与以色列特拉维夫大学于 2013 年 10 月在上海共同成立了“中以城市创新中心”。从 2010 年开始，该中心曾先后五次举办“城市时代与城市变革”教研活动、学术展览和国际论坛，数十名中以双方师生以上海提篮桥前犹太难民区为题，探寻在保护历史遗产的基础上如何改善当地居民的生活条件。为进一步扩大中以文化交流，在以色列驻华大使和教育部、联合国教科文组织亚太地区世界遗产培训与研究中心的支持下，“中以城市创新中心”与同济大学出版社决定出版《以色列规划建筑译丛》，向中国的学者、学生和读者介绍以色列的历史发展和城市建设。

中国是亚洲文明的摇篮之一，与此相似，在约旦河与地中海之间以色列和巴勒斯坦地区的狭长土地上孕育出的文化同样久远而多元，并影响了近东和西方文明。尤其是最近一百多年来的变化，见证了以色列这个全新国家和现代社会的诞生和发展。中国和以色列的发展都体现出悠久历史、多元文化和地理环境的特色，也反映了 19 世纪中叶以来近现代建筑与规划思潮的影响。

《以色列规划建筑译丛》将以丰富的图纸、照片和文字向读者介绍以色列的城市、住区和建筑，尤其关注现代以色列城市的文化传承、人文宗教、土地使用、形态演变、居住模式和建筑美学，重点介绍以色列建筑设计和城市规划理念，诸如以色列和巴勒斯坦地区的历史、多元化的宗教（犹太教、基督教和伊斯兰教）、圣城耶路撒冷、加利利重镇拿撒勒（Nazareth）、耶稣诞生地伯利恒（Beit Lehem，或 Bethlehem）、罗马营寨城凯撒利亚（Caesarea）、贝特谢安（Beit Shean）、沙漠要塞马萨达（Masada）以及分布在威尼斯、华沙和上海等世界各地的犹太区（ghetto）。

感谢凯瑟琳·维尔 - 罗尚博士和原出版社的信任与授权，《特拉维夫百年建城史：1908—2008 年》得以成为译丛首卷。该书以大量精选的史料展示了现代以色列第一座新城特拉维夫的诞生历程、其民族国家属性和社会理念。特拉维夫由沉寂衰败的地中海港口老城雅法（Jaffa）起步，受各种地理政治因素和思潮影响，带着建设民族国家的梦想和诸多矛盾，逐步发展成为中东地区的一座现代化国际都市。原著作者还特别关注了受花园城市理论影响而建的特拉维夫早期社区、盖迪斯爵士（Geddes）1925 年奠定的城市规划结构方案、1930—1940 年间新建筑运动的影响、20 世纪 50—60 年代的战后住宅建设以及 2004 年列入世界遗产名单的“白城”近三十年的发展和所面临的困境。

借此译丛首卷出版之际，我们在此衷心感谢同济大学和特拉维夫大学自 2010 年起对中以教研合作的大力支持，尤其是裴钢、董琦、吴志强、李振宇、周俭、周玉斌、约瑟夫·克拉夫特（Joseph Klafter）、阿龙·沙伊（Aron Shai）等教授的关心，夏南凯、牛新力（Eran Neuman）、莎莉·克劳兹（Sari Klaus）、马艾瑞（Ariel Margalith）、欧戴德·纳科斯（Oded Narkis）、江南山（Jonathan Kotler）、陆伟、支文军、江岱、石清等人的参与也至关重要。此外，双方外事部门的支持不可或缺，包括以色列驻华大使马腾·维尔奈（Matan Vilnai）、以色列驻沪总领事馆的柏安伦（Arnon Perlman）、杰克·埃尔登（Jackie Eldan）先生及其同事，虹口区政府、外办、规划局以及同济大学出版社等也给予了充分的重视，在此一并致谢。

王骏

中国同济大学建筑与城市规划学院
上海同济城市规划设计研究院

摩西·马格里特（Moshe Margalith）

以色列特拉维夫大学建筑系
联合国教科文组织（UNESCO）现代遗产教席

中文版序

中国同济大学王骏与以色列特拉维夫大学马格里特两位教授选择本书作为《以色列规划建筑译丛》之首卷，向中国读者展示以色列现代城市发展和社会演变，对此我深感荣幸。十多年来一直萦绕我心的迷惑终于拨云见日，那就是：如何在众多传说和信仰中甄别复杂现象，如何在全世界最具地缘政治色彩的地区建造一座现代城市并发展出一种新的社会生活。

非常感谢十年来所有帮助过我的学者、档案工作者和朋友们，我的研究成果才得以与中国读者见面。我诚挚地希望，此书能让读者欣赏到那些城市规划思想的智慧，理解它如何促成特拉维夫的诞生。时至今日，我们仍需珍视这些智慧的火花。

凯瑟琳 · 维尔 - 罗尚

(Catherine Weill-Rochant)

2013 年 11 月 5 日，巴黎

目录

序

本书并非通常意义上的图集，没有关于人口演变、经济发展或交通状况的常见图表，却汇聚了建筑规划师凯瑟琳·维尔-罗尚（Catherine Weill-Rochant）博士在法国耶路撒冷研究中心历经数年的研究成果，首次多维度展示了一座城市的诞生、扩张模式及其直至1948年的城市结构。书中既包含了创建者的梦想，也有设计者的构思，还有当时最优秀的城市规划师的设计方案。这些规划图纸大多是第一次面世，极大地丰富了本书的叙述框架。如书中所述，作者就像侦探一样查找散落零碎的资料并予以重建，“一件件，一步步地拼成这些令人激动的历史”。

特拉维夫的诞生和发展非同寻常。西奥多·赫茨尔[1]在《新故土》（*Altneuland*）一书中曾描绘过犹太城市——特拉维夫，意为重生的废墟[2]，是其乌托邦思想的物质载体，也是当时还被禁止的犹太复兴梦想的现实体现。这绝非简单的营建新城，而是一场对地缘政治和文化形态的根本颠覆。它是两千年以来第一座讲希伯来语的，以犹太居民为主的，真正的犹太城市。[3]

维尔-罗尚曾回忆说，在特拉维夫之前，雅法（Jaffa）老城的历史可以追述到远古时代。在这座阿拉伯城市里曾经长期生活着一些犹太人，主要是西班牙裔犹太人。第一次阿里亚[4]之后，大多数犹太人都生活在拥挤脏乱的老城里。19世纪末，雅法向北发展并新建了一些街区，以容纳日益增多的犹太居民。作为雅法的延伸，这些犹太街区各自独立发展，虽没有预先规划，却还与老城保持着密切联系。

1909年特拉维夫建城，标志着空间、城市乃至意识形态的完全分离。这里不再是雅法市的延伸，而是一座新城的“胚胎”，将创建新的社会、新的犹太城，与“什泰特勒”[5]或“隔都”[6]毫无关联。

特拉维夫的自治呼之欲出。1921年特拉维夫终于自治，首任市长梅尔·迪森高夫（Meir Dizengoff）多方物色规划师谋划发展。凯瑟琳·维尔-罗尚的研究再现了帕特里克·盖迪斯爵士[7]的规划理念。盖迪斯的规划方案于1925年启用，奠定了特拉维夫的雏形。盖迪斯颇具远见卓识，特拉维夫新城给建筑师和规划师提供了广阔的空间，是运用欧洲，特别是包豪斯学派理论的、最大胆的创新之地和独一无二的良机。这里曾是一大批建筑师进行城市规划科学研究的试验场，历史与现实在此交汇。经过多元交叉发展，最终形成了独特的建筑思想，即特拉维夫学派（L'ecole de Tel-Aviv），也形成了独特的以色列新城风貌。

凯瑟琳·维尔-罗尚收集整理了大量珍贵的图纸和照片，再现了当时的理想氛围和思想冲撞，展现了锡安主义[8]的发展，相关机构的设立和1948年以色列建国的这段历史。

皮埃尔·德·米罗舍迪
（Pierre de Miroschedji）
法国耶路撒冷研究中心主任

1. 西奥多·赫茨尔（Théodore Herzl，1860—1904）：奥匈帝国的一名犹太裔记者，锡安主义的创建人，也是创建现代以色列国家的思想启蒙者。——译者注

2. Tel-Aviv，“Tel”意为沙地小丘或废墟，“Aviv”为春天。1902年，纳胡姆·索科洛夫（Nahum Sokolow）的原意是“期待着下一个春天的废墟”。——译者注

3. 至2007年，犹太人占以色列全国人口约80%，特拉维夫是其人口第二大城市。——译者注

4. 阿里亚，alya或aliya，希伯来语意为“上升”，指世界各地流亡的犹太人有计划、有组织地返回巴勒斯坦定居的运动。1882年巴勒斯坦地区仅居有2万犹太人，经6次阿里亚后，到1948年以色列建国，犹太人口已增至65万。——译者注

5. 什泰特勒（shtetl），大屠杀发生以前主要由犹太人居住的村镇。——译者注

6. 隔都（ghetto），或称犹太人区（Jewish quarter），起源于威尼斯，指因社会、经济或政治原因被划作犹太人居住的区域，代表着对犹太人的不公和虐待。——译者注

7. 帕特里克·盖迪斯（Patrick Geddes，1854—1932），苏格兰生物学家，现代人文主义规划大师。——译者注

8. 锡安主义（sionisme），又称犹太复国主义，指19世纪末起世界各地的犹太人为躲避虐待和迫害，掀起了移民回到巴勒斯坦、建立属于犹太人自己的家园的运动，也包括支持该运动的各种意识形态。——译者注

特拉维夫：终点

特拉维夫给我的第一印象是一艘白色闪亮的客轮在蓝色海波中乘风东进，就像外婆第二次去以色列旅游时寄给我的明信片。儿时的我看着预备班墙上的大地图，单纯地认为地中海的尽头就是东方。特拉维夫是白色的、新的，阳光明媚的。对于我，她首先是一段旅途的终点，其次才是一座城市。

更糟的是，在我的意识里特拉维夫不属于任何一个国家。“以色列”这个词在我们这个反锡安主义的共产主义家庭鲜有提及，甚至曾有人跟我说，我妈妈的堂弟患糖尿病去世就是因为“远去以色列不回来了”。我还听说，我的姨妈妮娜（Pnina）“住在一栋美丽的海滨别墅里”，“那里”的葡萄像樱桃一样，橙子大如甜瓜。

死亡、阳光、超大的水果，这些矛盾的事让我对明信片上客轮东进的终点更加迷糊。我的想象就从那幢海滨别墅开始，对我来说，特拉维夫时而是一些炫目而风格迥异的楼宇，时而是沙地上错落有致的豪华别墅。

27 年之后，1991 年 5 月，我终于来到特拉维夫。城里到处都是单行线，着实让我头痛不已，只能把车停在福里希曼（Frishman）路边，然后穿过一条小路去几百米之外的戈登（Gordon）街。

很快，那种都市生活的感觉油然而生：到处是林荫大道和人行道，灿烂的阳光照在树荫下的墙面上，房子之间有棕榈树，绿树丛中都是红花，住宅入口处的灌木丛修剪得整整齐齐，煞是迷人。我走到迪森高夫（Dizengoff）路口，行道树下的人行道很宽敞，精品店鳞次栉比。虽然这不是出租车司机所吹嘘的“香榭丽舍大街”[1]，但这条主干道的确有些与众不同。迪森高夫路也是一条重要的商业街，有小巷通往周边各居民区，城市景观一览无遗。这个街区建得很有味道，街巷穿插，楼宇之间满布绿化，住宅用地都是整齐划一的长方形地块，像管弦乐一样妥帖悦耳，令人惬意。

仔细看去，枝桠间可见斑驳的墙壁，远处阳台下的铁栏杆锈迹斑斑。围着居民楼转一圈，侧墙上的通风机隆隆作响，粗大的黑色电线挂在角落里，底楼铺满了防潮角石。透过对面一栋楼高处的百叶窗，还能看见破烂不堪的楼梯间，墙壁潮湿斑污。

退几步就会发现，窗户是拼花玻璃的，屋顶檐板像船首一样高挑，阳台也绕过"舷窗"往高处的天际线翘起，如同一艘客轮劈波斩浪……

此时我所见到的特拉维夫是一座令人难以想象的城市，如同出自伊塔洛·卡尔维诺[2]的无边幻想，时而如此，又或如彼。像所有城市一样，她既是我们心灵的映射，也诉说着自己的历史。

特拉维夫是如何创建家园氛围的？那些前卫建筑承载了怎样的梦想和理念？它是为何种社会而设计的？怎样营建的？这最初的荒漠，最终又是如何列入联合国教科文组织（UNESCO）世界遗产名录的？这就是本书作者最初的疑问。

我对特拉维夫的兴趣并非源自锡安主义，也不会因为锡安运动的政治意味而否认这座城市的优点。作为一名建筑师，我走近这座城市，试着读懂那些交织着历史和社会的建筑物。

1. 香榭丽舍大街（Champs-Élysées），全球著名的商业购物街，位于法国巴黎。——译者注

2. 伊塔洛·卡尔维诺（Italo Calvino，1923—1985），意大利作家，著有《树上的骑士》、《看不见的城市》等。——译者注

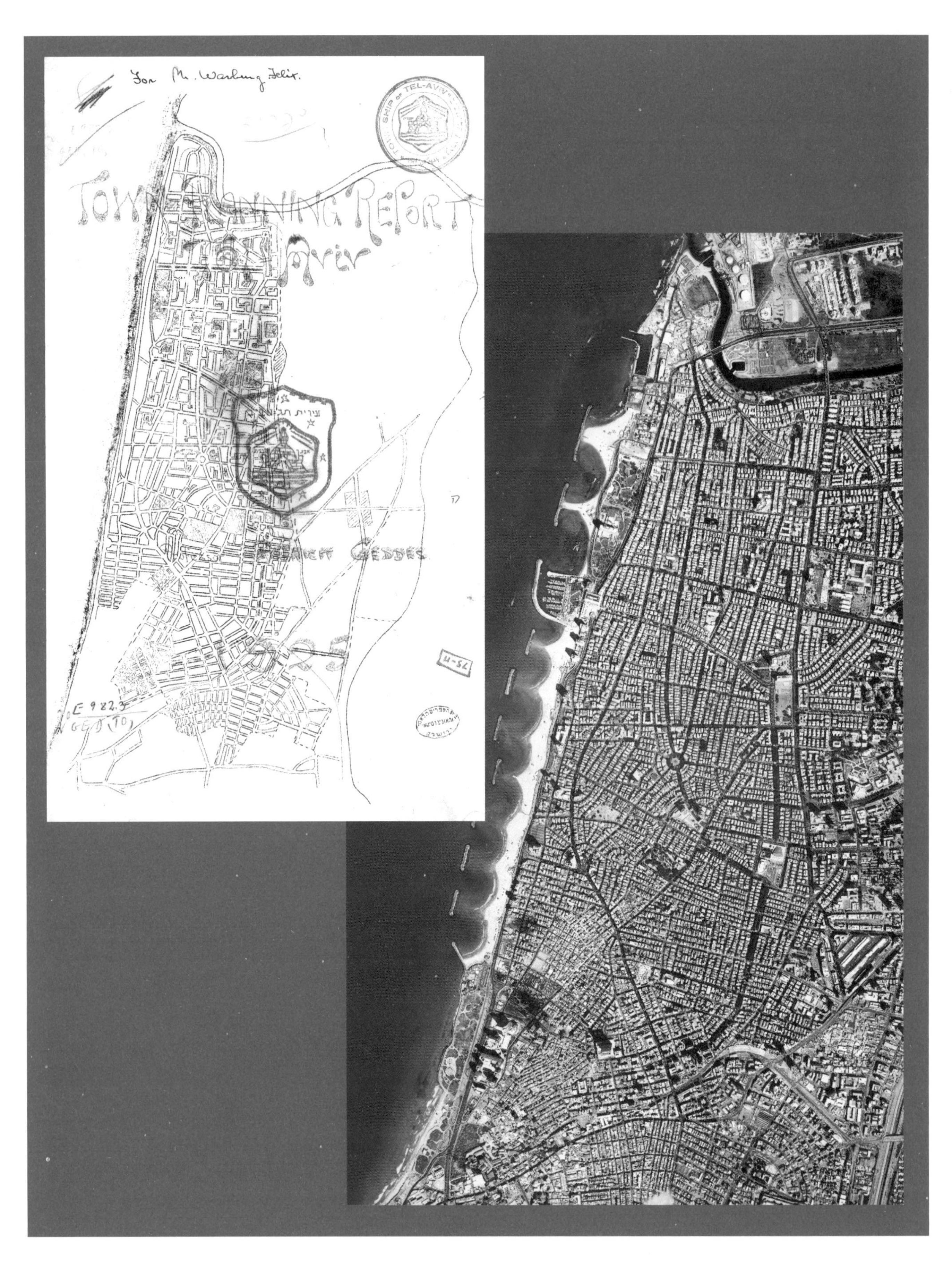
For Mr. Warburg Felix.
TOWN PLANNING REPORT
Tel Aviv
GEDDES

引言

本书是关于一座城市的历史。一座丑陋而又诱人的城市，简陋的房屋散布在塔楼四周。这片巴勒斯坦土地上矛盾重重，这座城市承载了许多锡安主义计划移民的梦想和期待。以色列 1948 年宣布这座城市为首都[1]，当时拥有最多的犹太居民。它是该地区首个现代化的新城，其中的一部分还列入了联合国教科文组织的世界遗产名录[2]。1925 年时，其建成区面积超过 4 平方公里，有着 20 世纪 30 年代时尚风格的建筑立面长达 4 万米，有 4 500 个门户、楼梯、斜坡和屋顶露台。市中心是相对同质化的，方盒子建筑物一幢幢整齐地排列着。建筑之间的空地现在都植有绿化，但是之前空着时，著名记者亚瑟 · 库斯勒[3]形容其像“缺牙漏风的嘴巴”[4]。市中心有两排高层建筑物。50 年代沿着西侧的海滨造的国际酒店，成为特拉维夫今天的门面；东边沿着阿亚隆（Ayalon）高速公路，90 年代开建的办公楼群越来越高，形成令人目眩的经济中心，也使特拉维夫成为以色列人的骄傲。这两组高层建筑是体现 20 世纪 30 年代精神的典型代表，被以色列人视作瑰宝。

1. 以色列于 1980 年宣布耶路撒冷为其“永远的首都”，1988 年巴勒斯坦《独立宣言》也以耶路撒冷为都。目前国际社会一般认为特拉维夫是以色列的首都。——译者注

2. 指白城，2004 年列入。——译者注

3. 亚瑟 · 库斯勒（Arthur Koestler，1905—1983），匈牙利籍犹太裔英国作家、记者和批评家。——译者注

4. 亚瑟 · 库斯勒，《自传：蓝箭》（*Arrow in the blue*），Macmillan 公司，1952 年。——译者注

左页：盖迪斯爵士（Geddes）设计的规划图（1925 年 6 月）和特拉维夫市中心航空照片（Yaaf，2003）

左图：1938 年的迪森高夫（Dizengoff）广场（CZA）

右图：1964 年的迪森高夫广场（PG）

上图：20 世纪 60 年代的海岸与 30 年代的城市肌理（P）

“消失”的图纸

不管是关于旅游还是其他方面，关于特拉维夫历史的书籍为数并不少，但至今没有一本能汇集特拉维夫自 1908 年至 2008 年的全部历史。为何？其中有两个缘由。

首先是技术层面的原因。英国托管时期的规划档案消失殆尽，一部分丢失，一部分被毁[5]，剩余的也都散落了。

托管时期管理层的波动造成档案材料的散失。城市规划部门曾隶属于不同的管理部门，相关资料的归档也不同，1920—1921 年属于“立法”、1932 年属“公共卫生”、1935 年属“其他”[6]。研究困难还在于书面资料和相应图片缺少关联，如总图之外的局部平面图在丢失之前是存放在别处的。档案按行政属性分开保存，不仅使工作更复杂，也加大了丢失的可能性。比如，有一处注释提到“道路剖面图见附件”，而该图并未附。同样的情况也发生在特拉维夫市政府档案馆、以色列国家档案馆、耶路撒冷锡安主义档案馆。

政治的不稳定使得线索出现混乱。20 世纪 20 年代初，盖迪斯的合伙人弗兰克 · 米尔斯[7]于 1919 年完成的大量图纸以及盖迪斯委托一位犹太雕刻家为耶路撒冷希伯来大学定制的石像，也在锡安主义委员会查抄办公室时丢失了[8]。

托管时期还有一种可能，英国人在 1948 年离开前将关于巴勒斯坦城市规划的档案隐藏在一处秘密地点。城市规划师亨利 · 肯德尔（Henry Kendall）曾在一封信里写道：该秘密地点可能是“耶稣会隐修院”，即现在位于波塔路（Paul Emile Botta）的主教圣经研究院。研究员本杰明 · 海曼（Benjamin Hyman）就曾尝试寻找未果：回复说这些墙壁里没有什么图纸，最后不了了之。这些档案中的一部分很有可能保存在东耶路撒冷，1948—1967 年那里

5.1946 年 7 月 28 日犹太组织的炸弹把耶路撒冷戴维王酒店的侧翼全部炸飞，造成 99 人死亡。（DR）

6. 关于巴勒斯坦行政管理的报告，关于巴勒斯坦和跨约旦（Transjordan）地区的报告，高级委员关于巴勒斯坦行政管理的报告，由海曼（Hyman）引用，1994 年。

7. 弗兰克 · 米尔斯（Frank Mears），也是盖迪斯的女婿。——译者注

8.Meller，1990:275-276.

左图：1946 年 7 月 28 日犹太组织的炸弹把耶路撒冷戴维王酒店的侧翼全部炸飞，造成 99 人死亡。（DR）

右上：1911 年，特拉维夫首个委员会及其卫队站在梅尔 · 迪森高夫（Meir Dizengoff）官邸门廊上。（S）

右下：20 世纪初雅法城北的景象。（CZA）

还属于约旦。

此外，据一位以色列国家档案馆档案员所述，城市规划中央委员会档案局曾经隶属于戴维王酒店爆炸案中被毁的英政府秘书处。1926—1930 年期间的资料线索找不到，很有可能是因为全部资料都毁于火灾[9]。

还有一个问题是档案的搬迁。盖迪斯是特拉维夫 1925 年规划方案的设计师，他自己保存的资料于 1955 年由其儿子亚瑟 · 盖迪斯（Arthur Geddes）及“观景塔”（Outlook Tower）的董事们捐给了格拉斯哥皇家技术学院（RTC）。1964 年该院成为斯特拉斯克莱德大学（University of Strathclyde），1966 年盖迪斯的收藏又被转移到其建筑学院新楼，其中一部分资料就在搬运中“不小心”弄丢了。当时的收藏文件并未分类统计，我们并不清楚丢失了哪些资料，其中就可能包括盖迪斯所作的特拉维夫规划的手稿。

最后还要提一下的就是特拉维夫发展初期的交通问题，尤其是信件递送太慢。

把苏格兰国家图书馆保存的盖迪斯信件与特拉维夫市政府档案馆的相同信件上的日期相对照，可以看出信件从寄出到送达要耗时近一个半月。1927 年 1 月 2 日从特拉维夫寄出的信，收到时已是 2 月 11 日。

遗失或无法查取档案材料还有其他历史原因和技术原因，这让科研人员更加灰心丧气。为了完成本书，我们要发起一场系统的“大搜寻”，寻觅 20 世纪前半叶特拉维夫规划图纸文件的蛛丝马迹。有一张图纸是雅法（Jaffa）和特拉维夫两位市长开会界定边界时使用过的，由一位特拉维夫官员一边吃午餐一边在餐桌上画成。另外，一家大型出版企业收购了巴勒斯坦土地后，在内坦亚（Netanya）找到一些早已被人遗忘的沾满尘土的零散资料。就这样，在每一个角落细细搜寻，才一件件、一步步地拼成这些令人激动的历史。

9.2004 年 4 月由以色列国家档案馆档案员 Michal Saft 女士处获悉。

本图册长期未能出版的第二个原因可能是出于政治考量，这与巴勒斯坦锡安主义有关。

20 世纪初不同人群在街区同居一处，尚无过多冲突。这个移民计划很有必要，它使犹太人走在了其他人的前面。当时的社会是复合型的，有长居此地的“巴勒斯坦”犹太人，有出生在中东地区的“奥斯曼”（ottomans）犹太人，还有来自欧洲国家的移民。因欧洲国家反犹太主义情绪不断升温而移民至此的这第三类人，冒着来自苏丹、圣地基督社会和巴勒斯坦阿拉伯人的巨大压力，引领巴勒斯坦和奥斯曼犹太人，积极推进犹太人的独立和权力。这在 1914—1918 年的第一次世界大战之前还仅仅是一次震动，战后则在巴勒斯坦真正建立了犹太民族之家的行政管理和地缘政治基础。

第一次世界大战之后，欧洲列强瓜分了中东地区的管理权。法国管理叙利亚和黎巴嫩，英国管理埃及和巴勒斯坦。贝尔福爵士[10]签署了著名的关于支持在巴勒斯坦成立犹太民族之家的贝尔福宣言[11]，该文件强调了共居此地的不同人群的利益平衡。在此背景下，巴勒斯坦犹太人提出一个大胆构想，或者说无可挑剔的计划。它从荒漠中拔地而起，这就解释了为什么特拉维夫城市史学资料显示这是一座沙城。当时，表现这片处女地最恰当的画面就是一群骆驼和几名身着长袍的男子，他们背负使命，不为他人和景色所扰。早在特拉维夫建起第一批房子的十年前，西奥多·赫茨尔就毫不犹豫地移花接木，制作他与德皇威廉二世会面的照片。他们第一次在耶路撒冷见面，第二次在雅法巧遇，因见面寒暄时间太短，摄影师没有足够时间做出反应，只聚焦到场景和德皇，却没拍到赫茨尔。为了弥补遗憾，摄影师运用蒙太奇技术，把德皇往左移，再把赫茨尔的一张旧照粘上去，最终形成一张两人面对面的照片，永久留存。

对大多数锡安主义领导人而言，为从欧洲回到巴勒斯坦的犹太人建立居所毫无疑问是个神圣目标，其意义显而易见。1948 年以后的以色列人都知道，直至今日也还有人知道，以色列的近代历史里有其阴暗的一面，就是否认以色列建国之前这里已经有阿拉伯人的耕地和房屋。这些房屋和耕地很少得以保存，从 19 世纪末开始，犹太人的新房屋建筑纷纷涌现。

以色列历史学家对于以色列的历史、特别是特拉维夫的历史，又有何看法呢？这段历史很神秘吗？作者唯一的愿望就是向读者提供一些有用的资料，让读者更加接近真相。果能如此，作者将乐于剖开痛苦的，如同家族秘史一样的谜团，以图文形式展示特拉维夫的新历史，以飨读者。

中图：1898 年德皇威廉二世与西奥多·赫茨尔的第二次会面，靠近以色列 Mikveh
右下：原始照片。（CZA）

10. 贝尔福爵士，指阿瑟·詹姆斯·贝尔福（Arthur James Balfour），也称巴尔福，1848—1930 年任英国首相、第一海军大臣、外相。——译者注

11. 贝尔福宣言（Balfour Declaration），实为 1917 年 11 月 2 日时任英国外交大臣贝尔福致英国锡安主义者联盟副主席 L. W. 罗斯柴尔德的一封信，“在不损害巴勒斯坦地区其他非犹太社区的前提下‘支持’为犹太人在巴勒斯坦建立民族之家（national home）”，并非“国家”（nation 或 country）。这些实际上的支持和模糊的表述也是导致后来诸多纷争的原因之一。——译者注

图纸的语言

本书讲述的新历史与先前各学科领域的书籍都有所不同。介绍特拉维夫的书籍不少，特拉维夫大学的吉登·比格（Gideon Biger）教授和雅科夫·沙维（Yaacov Shavit）教授作过地理方面的分析，艺术史学家米克·莱文（Michael Levin）和建筑师尼萨·梅兹格·苏慕克（Nitza Metzger-Szmuk）作了建筑方面的

论述，作家约其姆·舒勒（Joachim Schlör）则作了历史方面的阐述[12]，地理学者约斯·卡茨（Yossi Katz）研究了奥斯曼帝国末期阶段，即1908—1918年间[13]特拉维夫的形成和发展。但是，上述各著作都未全面涉及空间层面。

本书采用的方法与先前的单一方法有所区别。首先，1910年以来很多杂志和出版物几乎从不提及特拉维夫的母城——雅法，对此作者持批评态度，而且还尝试在本书中驳斥锡安主义仅仅称之为疆域征服或探险之旅的说法[14]。

雅法郊区延伸的农地上诞生了特拉维夫，土地被重新整理，而城市化又加快了这个历史进程。

巴勒斯坦那些世代相传的可耕地已经经历了漫长的演进历程，与任何意识形态全不相干。相比而言，城市化之前的农田转变为国有土地，这不仅是社会巨变，也是政治巨变。20世纪初的特拉维夫所在之处，土地大部分是农田、葡萄园和菜园，即便那些沙地也都是有产权的。地块分属界限并非是虚拟的，可以清楚地看到英国军队图纸上的标记。因此，本书的核心问题之一是土地权属的突变。无论何种机制，都使原来这些传统农地转变为今天被称为“最现代化的”标志性城市。

特拉维夫并非特例，同时代相同情况也出现在欧洲和其他大陆以及巴勒斯坦的其他地区。巴勒斯坦的各城镇，比如纳布卢斯[15]，它们的城市化动力主要来自巴勒斯坦富裕家庭和英国公务员，老城中心则因农村人口迁徙而更加密集。巴勒斯坦其他城镇的周边多由阿拉伯人和犹太人混居，有些街区则是经过规划才形成的。耶路撒冷老城周边就是这种情况，里维阿（Rehavia）犹太街区和塔尔比（Talbieh）阿拉伯街区相邻而立。在海法（Haifa）市的南部和北部，混居街区比肩而存，甚至叠合。

在耶路撒冷或海法，这些街区仍旧服从母城的“管辖”。而在特拉维夫，大多数犹太人街区将融合为一个新的实体，并与老城脱离干系。此外，特拉维夫空间历史的特别之处还在于规划，一个彻头彻尾的、犹太人的城市规划，一个实实在在的社会发展计划。

相关图纸很好地述及了这项计划。首先是图面上的构想，一批“城市化”先驱援引的城市规划图迎合了锡安主义之父赫茨尔的愿景。根据英国军队航拍照片所标记的图纸，有的地方有房屋，有的地方是农作物，有的是废墟，有些地方根本无人居住，有的地方只是用木桩拉绳做标记。历史并不记载这些实情，只有虚幻。

当建筑师、工程师和规划师开始绘制这里的城市规划图的时候，城市规划学科本身还不够科学严谨。他们提出的构想还算清晰，或多或少与土地的实际情况挂钩，希望通过综合治理，把每块已购土地都变成可供居住的城区。

此后，唯一的也是最后一个真正的城市建设计划，由苏格兰理论家、生物学家、植物学家、城市规划师帕特里克·盖迪斯费时弥久、逐章逐节地设计并绘图。他的规划得到了实施，成为今天我们看到的“白城”[16]。

接下去是一系列介于规划图和施工图之间的方案设计。这是一次真正的区域规划，一个与大海平行展开的交通网络连接着传统的城市中心，从雅法、利达（Lydda）或拉姆勒（Ramleh）到纳布卢斯、贝鲁特（Beyrouth）和大马士革（Damas）。

但是，时空问题需要和利益相关方、政策制订者以及各种社会团体相商。这不是密谋，也没有什么无形之手把现代化美景撒向被人遗忘的角落。就像特拉维夫的神奇历史中所记述的，建筑风格可能是共同的灵感和现场调研的结果，利益相关方讨论图纸文件后或反对，或支持；或和睦相商，或紧张相对。对这个各方杂处的不安定地区而言，这是一段并不简单却极具意义的历史。

特拉维夫空间历史的核心问题主要在于图纸的标注，这一点由特拉维夫第一个建造时期前后相隔40年的两张地图可见一斑。

第一张地图显示的是一个真正处于原来状态的地区，围绕着雅法城及其港口，有道路、小径、农舍、农作建筑、葡萄园、菜园、仙人掌、橘园，农耕气息跃然纸上。这就是1917年的《雅

---

12. 雅科夫·沙维（Yaacov Shavit）和吉登·比格（Gideon Biger）所著《特拉维夫的历史》（*L'histoire de Tel-Aviv*）第一卷“城市街区”（1909—1936年），特拉维夫，特拉维夫大学Ramot出版社，2001年。尼萨·梅兹格-苏慕克（Nitza Metzger-Szmuk）著，《沙上之屋：特拉维夫，现代运动和包豪斯精神》（*Des maisons sur le sable: Tel-Aviv, mouvement moderne et esprit Bauhaus*），巴黎-特拉维夫，Éclat出版社，2004年。米克·莱文（Michal Levin）著，《白城：以色列的国际风格建筑》（*White City International Style Architecture in Israel*），特拉维夫，特拉维夫博物馆，1984年。约其姆·舒勒（Joachim Schlör）著，《特拉维夫：从梦想到城市》（*Tel-Aviv: From Dream to City*），伦敦，Reaktion出版社，1999年（由Helen Atkins德语版翻译，原始版本*Tel-Aviv: vom Traum zur Stadt*，盖林根（德国），Bleicher出版社，1996年）。

13.《意识形态和城市发展：锡安主义和特拉维夫的起源（1906—1914年）》（*Ideology and Urban Development: Zionism and the Origins of Tel-Aviv, 1906-1914*），历史地理学报，1986（12）：402-424。

14.M.A. 莱文尼（Marc Andrew Levine），《推翻地理、重新定位：雅法和特拉维夫的历史，1880年至今》（*Overthrowing Geography, Re-imagining Identities: a History of Jaffa and Tel-Aviv, 1880 to the Present*），纽约大学中东研究系博士论文，1999年5月。

15. 纳布卢斯（Naplouse），位于巴勒斯坦中部，是约旦河西岸最大的城市，圣经中称为示剑的迦南古城，1923—1948年属托管地，1948—1949年被阿拉伯人占领，后作为约旦纳布卢斯省省会城市，1967年被以色列占领。——译者注

16. 白城（ville blanche），特拉维夫主城区因其大量白色和浅色的现代主义风格建筑而被称为“白城”。——译者注

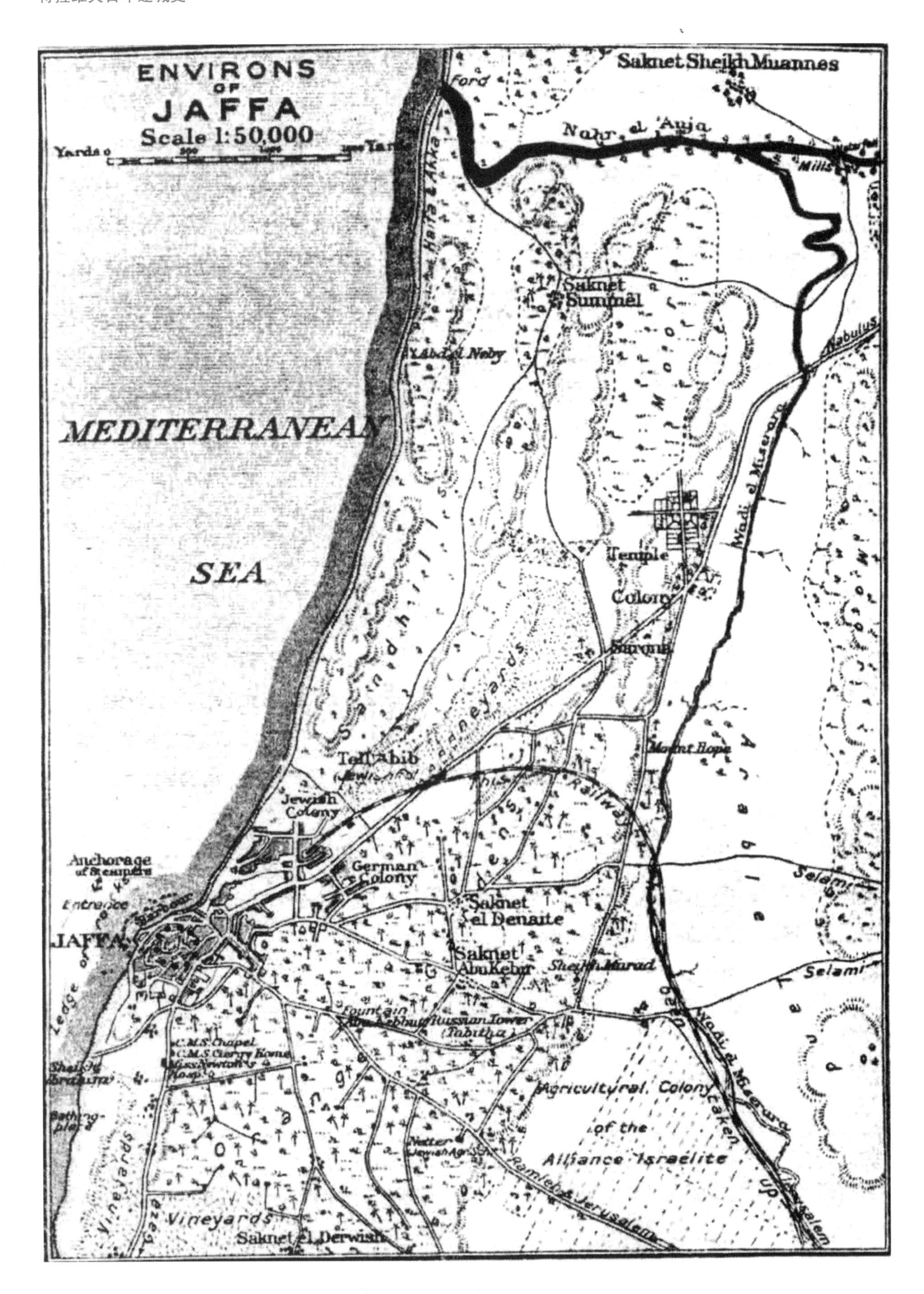

ENVIRONS OF JAFFA
Scale 1:50,000
Saknet Sheikh Muannes
Ford
Nahr el 'Auja
Saknet Summêl
MEDITERRANEAN
SEA
Nabulus
Wadi el Miserara
Temple
Colony
Sarona
Sandhills
Vineyards
Mount Hope
Tell Abib
Jewish Colony
Anchorage of Steamers
Entrance
JAFFA
German Colony
Railway
Saknet el Denaite
Saknet Abu Kebir
Sheikh Murad
Selame
Selami
Ledge of rocks
Fountain
Russian Tower
(Tabitha)
C.M.S. Chapel
Agricultural Colony
of the
Alliance Israelite
Vineyards
Saknet el Derwish
Ramleh & Jerusalem
Wadi el Musrara
Arable Land

法及其周边》图[17]。

另一份图纸上则是一片已经整理过的土地，也有类似的葡萄园和菜地，但这一次在几何路网下是极为中性和规则的城区，没有港口、农舍和农场。[18]

对建设之前的大地景观研究一般都比较抽象，这两张地图似乎也证实了这一点。第二张图所传递的信息与第一张图不同，疑问就是，19 世纪末[19]至 20 世纪中叶这里发生过什么事？

本书将着重阐述发生在这块土地上的城市规划与社会发展之间的关系，这些图像所传递的信息与传统的历史描述有些相同，有些则相反。图纸真的能显示特拉维夫城市建设的实际情况吗？■

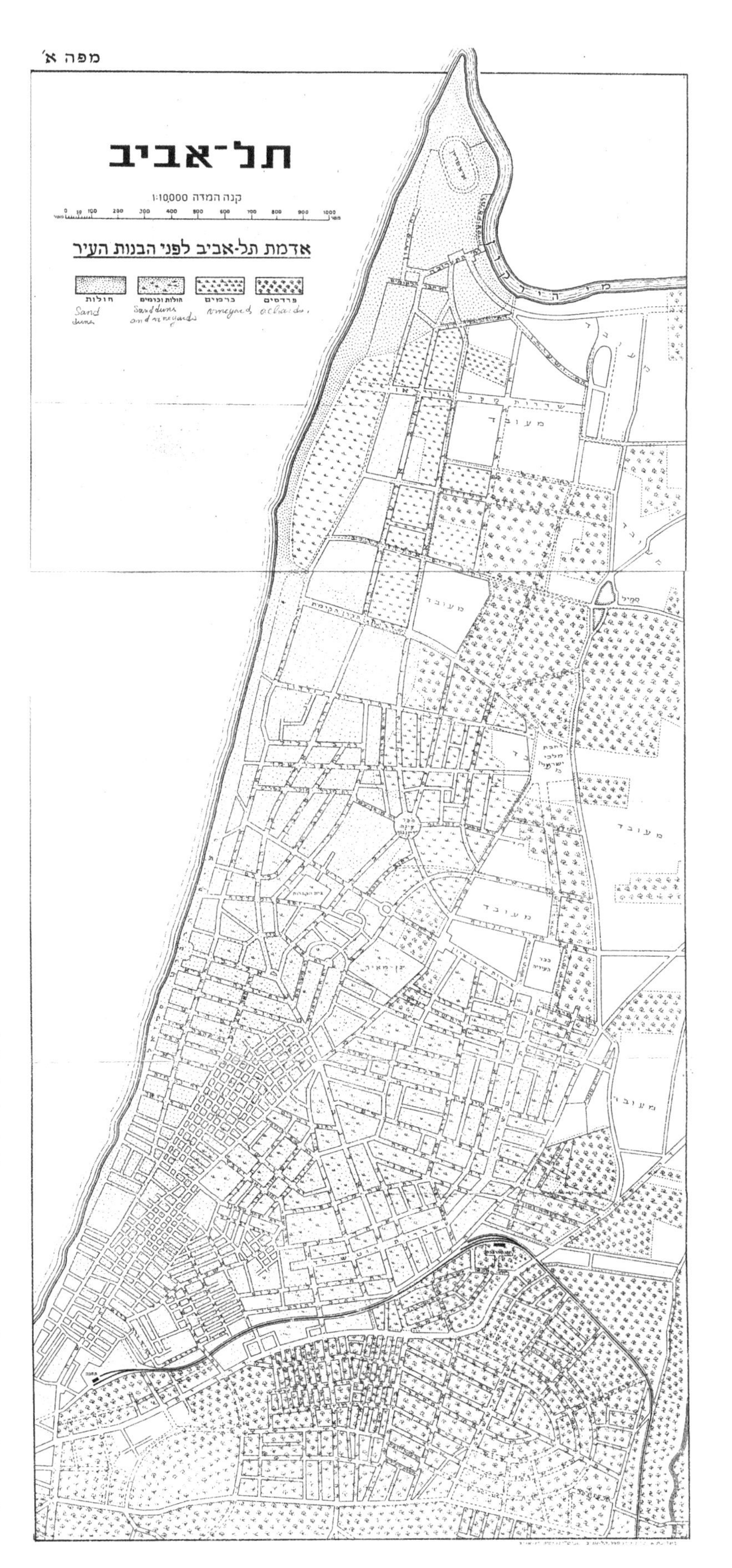

左页：《雅法及其周边》（局部），比例 1:50 000，1917 年。（HUC）

右页：特拉维夫建设之前的土地，特拉维夫首位地理学者 A.Y. 布拉沃（Avraham Yaacov Braver）（BR）。布拉沃博士（1897—1961 年）毕业于维也纳大学，1920 年在特拉维夫教授地理和历史

17. 图中所有标注为英语。——译者注

18. 图中所有标注为希伯来语，甚至连雅法老城也被有意无意地改变了。——译者注

19. 原文为“21 世纪末”，疑有误。——译者注

一、梦想之城

右页：赫茨尔中学（Gymnsia Herzlia），（特拉维夫的）第一所希伯来高中（S）

Die hebräische Uebersetzung mache ich selbst, die jargonische Dr. Isidor Eljaschew. Ich bin zwar ausserordentlich beschäftigt, denn außer meinen vielseitigen publicistischen Obliegenheiten bin ich augenblicklich ganz von einer gross angelegten historischen Erzählung aus der Bar-Kochba'ischen Zeit, deren II Band ich jetzt schreibe, in Anspruch genommen, doch schätze ich Ihre Arbeit so hoch, dass ich mit mehrer Liebe und Pietät die Uebersetzung mache. Es wird Sie vielleicht, obwohl Sie kein Hebraist sind, interessieren zu erfahren, dass die grösste Schwierigkeit mir der Titel bot. Ein dreigliedriges Compositum, wie es in der deutschen Sprache leicht gemacht wird, geht es im Hebräischen nicht zu machen und drei lange Worte wären ungeschicklich und klanglos, insbesondere da die hebräische Sprache sonst knapper und einfacher ist als die deutsche. Es gelang mir aber einen Titel zu finden, von dem ich ganz entzückt bin, da er eben so kurz (3 Silben) wie der deutsche ist und mehr Sinn, wenigstens mehr historisch-symbolischen Sinn hat. Der hebräische Titel lautet תל-אביב. Es ist dies ein biblisch palästinensischer Ortsname, besitzt deshalb mehr Classizität als ein neugeformtes Wort und bedeutet dieselbe Verbindung von Neu und Alt. תל bedeutet Ruine und אביב – Frühling, also eine Ruine, die einen neuen Frühling erlebt – Altneuland!
Ich sende Ihnen morgen die ersten Exemplare. Sie werden sehen, dass das Buch auch typographisch ziemlich hübsch ausgestattet ist.

Nahum Sokolow translated "Altneuland" into Hebrew in 1902 and named it "Tel Aviv". In this letter to Herzl he explained that "Tel" signifies a ruin and "Aviv" spring, that is — a ruin living to see another spring, — "Altneuland."

תֵּל-אָבִיב
ספור
מאת תיאודור הירצל.
אם תחפצו
אין זאת אגדה.
העתיק לעברית נ. ס.
הוצאה האורגניזציא הציונית הרוסית.
ווארשא, תרס"ב — בדפוס „הצפירה"
ТЕЛЪ-АБИБЪ.
Романъ Т. Герцля.
Варшава 1902 Тип. „Гацефира"

First Hebrew translation, by Nahum Sokolow.

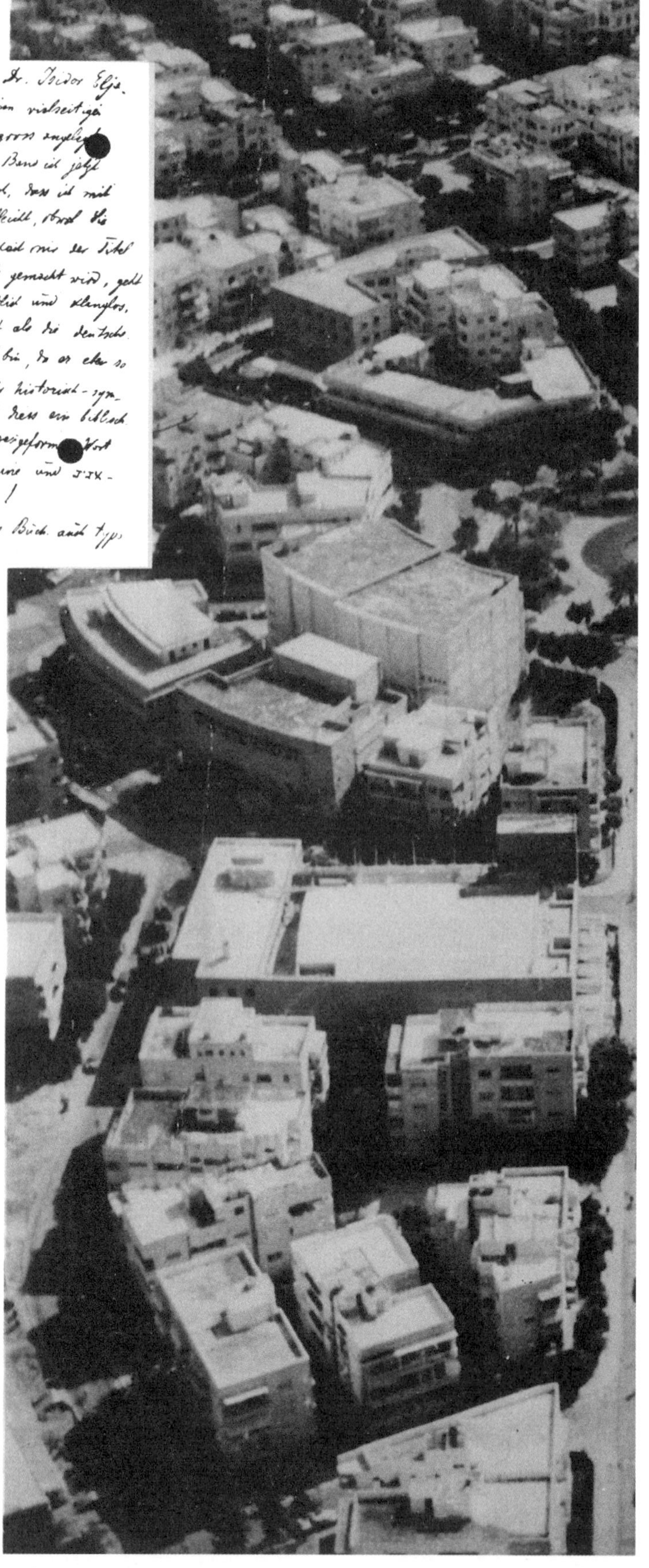

一、梦想之城

左页：1960 年出版的《新故土》第 153 页。赫茨尔所想象的乌托邦得以在特拉维夫实现：城市意象、城市建设和现代化的城市空间。上：纳胡姆·索科洛夫（Nahum Sokolow）的信解释了“特拉维夫”的来源。[1] 下：1902 年希伯来语版《新故土》的封面。右：1960 年的特拉维夫城区

早在建成之前，无数人就曾梦想，甚至落笔谋划过特拉维夫。图纸能够描述未来，但文字更能表达这座新城是什么，应该怎么做以及将来会如何。因此，本书的首批“规划图”是文字，现在的特拉维夫也印证了动工建设之前的那些文字记录。

赫茨尔在 1902 年出版的《新故土》一书中说城市就像一个应许（promesse）。这个乌托邦理想还预想了实际的建设状况，且并不一定是全新的城市。作者同时指出并详细描述，历史上巴勒斯坦地区的几个主要城市都成了宏伟的大都市。特拉维夫最初的构想与这些描述很像。

该书出版五年后，主管官员阿瑟·鲁宾（Arthur Ruppin）认为要在巴勒斯坦建设犹太人自治居住区，他的信件描述了一个欧式街区的雏形，能与其他居住区竞争并吸引新移民。

但在 20 世纪初，关于这个问题还有很多不同意见。在地中海东岸和耶路撒冷的笼罩下，是只建造一个简单的居住区还是建设一个真正的新城市？最早的推动者之一阿基瓦·阿里·魏斯（Akiva Arieh Weiss）倾向于建新城。但史书记载，首任市长梅尔·迪森高夫[2] 更像一个魔术师，把原来的雅法小镇变为一座大都市。

最后，当犹太家庭在 1908 年向雅法外围的阿拉伯人协商购地时，设计师抛出了城市绿化方案。由维也纳建筑师威尔海姆·斯泰斯尼[3] 提出的方案整合了建筑和规划理念，至今依然是特拉维夫的魅力所在。

一本书、一封信、一个邮包、一份图纸，透过这些资料的字里行间，经过流逝岁月的佐证，它们所揭示的内容远远超出了城市本身，甚至还包含了 20 世纪初颠覆巴勒斯坦地缘政治的原始信息。

1. 索科洛夫 1902 年把赫茨尔的《新故土》（*Altneuland*）一书译为希伯来文，并将其命名为特拉维夫。在写给赫茨尔的这封信中，他解释说，特拉维夫寓意“期待着下一个春天的废墟”，正是赫茨尔所梦想的“新故土”。——译者注

2. 梅尔·迪森高夫（Meir Dizengoff），特拉维夫的一条主街即以他的名字命名，圆形广场以他妻子兹娜（Zina）的名字命名。——译者注

3. 威尔海姆·斯泰斯尼（Wilhelm Stiassny，1842—1910），建筑师，1906 年设计了布拉格的耶路撒冷犹太会堂。

Nachwort des Verfassers.

... Wenn Ihr aber nicht wollt, so ist und bleibt es ein Märchen, was ich Euch erzählt habe.

Ich gedachte, eine Lehrdichtung zu verfassen. Mehr Dichtung als Lehre! werden die Einen sagen — mehr Lehre als Dichtung! die Anderen. jetzt, nach drei Jahren der Arbeit, müssen wir uns trennen, und es beginnen deine Schmerzen, du mein liebes Buch. durch Feindschaften und Entstellungen wirst du deinen Weg nehmen müssen, wie durch einen finsteren Wald.

Wenn du aber zu Arglosen kommst, so grüsse sie von deinem Herrn Vater. Er meint:

das Träumen sei immerhin auch eine Ausfüllung der Zeit, die wir auf der Erde verbringen. Traum ist von That nicht so verschieden, wie mancher glaubt. Alles Tun der Menschen war vorher Traum und wird später zum Traume.

1. 应许之城[4]

（西奥多·赫茨尔，1902年）

赫茨尔被称为政治锡安主义之父[5]，于1902年出版《新故土》[6]，该书同年被译为希伯来语出版，名为《特拉维夫》。

“特拉”（Tel）令人想起过去的积累，在阿拉伯语中，“特拉”意为山丘或小沙丘，19世纪末的考古学家也用来定义那些废弃居住区形成的残垣废墟。“维夫”（Aviv）在希伯来语中意为“春天”，也意味着“新生”[7]，译者索科洛夫的这个比喻最终被选作新城的名字。在《新故土》所描绘的乌托邦里，欧洲大学和商界的犹太人对社会不公感到失望，遂移民到巴勒斯坦地区创建了“新社会”。这是有组织地建设“共同小康”（Commonwealth）社会，以合作社作为经济组织形式，土地属于公社，并不反对营利。

4. 一般理解，圣经（出埃及记 3:7，民数记 13:25 等）中所说的“应许之地”是指巴勒斯坦地区迦南附近，“应许之城”多指耶路撒冷，意为属于犹太人的“流着奶与蜜”的美好家园。本书中作者借来比喻特拉维夫。——译者注

5. 在他之前，像摩西·列弗·利林布卢姆（Moshe Lev Lilienblum），马克思·诺尔度（Max Nordau）或约瑟夫·哈伊姆·布伦纳（Yossef Haïm Brenner）等其他作者也提出过犹太人问题。莱昂·平斯克（Léon Pinsker）首次于 1882 年出版了《自我解放》（*L'Autoémancipation*）（1944 年，犹太人信札）。雅科夫·沙维（Yaacov Shavit），2004 年。也请参阅丹尼斯·查比特（Denis Charbit）的《锡安主义的基本大纲》（*Sionismes, Textes fondamentaux*），Albin Michel 出版社，1998 年。

6. 西奥多·赫茨尔，《新故土》，Hermann Seeman 出版社，1902 年。第一版法语版《故土新土》由 L. Delau 和 J. Thursz 从德语版翻译而来，Rieder 出版社，1931 年。

7. 西奥多·赫茨尔，《特拉维夫（历史）》（*Tel-Aviv(sippur)*），纳胡姆·索科洛夫（Nahum Sokolow）译，Hatzefirah 出版社，1902 年。

8. 锡安主义运动：也称犹太国家复兴计划。——译者注

9. 西奥多·赫茨尔，《犹太国》（*Der Judenstaat*），1896 年，Max Breitenstein 出版社。第一版法语版出自 S.ed，1896—1897 年。

10. 西奥多·赫茨尔，《犹太国》（*L'État juif*），《新国际》杂志（*Nouvelle Revue Internationale*），1897 年 1 月 15 日：33；引自丹尼斯·查比特（Denis Charbit），1998 年：143。

11. 参阅西奥多·赫茨尔，日报，1897 年 9 月 3 日，引自《新故土》第 37 页，Paula Arnold 译，赫茨尔百年委员会编，海法出版有限公司，1960 年。

对大众而言，赫茨尔的乌托邦其实就是锡安主义运动[8]的雏形[9]，他还努力游说犹太社会和欧洲各国政府。七年后，犹太国家复兴计划（l'Etat juif）肯定了《新故土》对新社会的定义：

“犹太人民目前分散各地，需自我管理自身的政治事务。此外，各种信息均表明，犹太人民处境艰难。

犹太人民亟须领导者。

当然，这位领导者并非个人。单个人的领导者将是荒谬可笑的，因为个人往往过于考虑自身利益。

如果选一个可以被广泛接受的词，犹太人民的领导者应该是一个法人。这就是犹太人社会。”[10]

到 1902 年，犹太人社会已在实际组建过程中，锡安主义大会先后举行。赫茨尔认为 1897 年著名的瑞士巴塞尔（Bâle）大会时他已象征性地创建了犹太国家[11]，成立了一些机构，汇集了一些资金。经过研究乌干达或阿根廷等可能的选址，犹太人最终选择了当时由奥斯曼人统治的巴勒斯坦地区，希望在此实现他们的梦想。

Die hebräische Uebersetzung mache ich selbst, die jargonische Dr. Isidor Elja-
schew. Ich bin zwar ausserordentlich beschäftigt, denn ausser meinen vielseitigen
publicistischen Obliegenheiten bin ich augenblicklich ganz von einer gross angelegten
historischen Erzählung aus der Bar-Kochba'ischen Zeit, deren II Band ich jetzt
schreibe, in Anspruch genommen, doch schätze ich Ihre Arbeit so hoch, dass ich mit
wahrer Liebe und Freude die Uebersetzung mache. Es wird Sie vielleicht, obwohl Sie
kein Hebraist sind, interessieren zu erfahren, dass die grösste Schwierigkeit mir der Titel
bot. Ein dreigliedriges Compositum, wie es in der deutschen Sprache leicht gemacht wird, geht
es im Hebräischen nicht zu machen und drei lange Worte wären unschicklich und klanglos,
insbesondere da die hebräische Sprache sonst knapper und einfacher ist als die deutsche.
Es gelang mir aber einen Titel zu finden, von dem ich ganz entzückt bin, da er eben so
kurz (3 Silben) wie der deutsche ist und mehr Sinn, wenigstens mehr historisch-sym-
bolischen Sinn hat. Der hebräische Titel lautet תל אביב. Es ist dies ein biblisch-
babylonischer Ortsname, besitzt deshalb mehr Classizität als ein neugeformtes Wort
und bedeutet dieselbe Verbindung von Neu und Alt. תל bedeutet Ruine und אביב
Frühling, also eine Ruine, die einen neuen Frühling erlebt – Altneuland!
Ich sende Ihnen morgen die ersten Exemplare. Sie werden sehen, dass das Buch auch typo-
graphisch ziemlich hübsch ausgestattet ist.

左页：西奥多·赫茨尔的《新故土》手稿节选，1902 年
右上：20 世纪 80 年代特拉维夫城区西北（P）
右下：纳胡姆·索科洛夫（Nahum Sokolow）的来信

Fasse ich den Basler Congress in ein Wort zusammen – das ich mich hüten werde öffentlich auszusprechen – so ist es dieses: in Basel habe ich den Judenstaat gegründet. Wenn ich das heute laut sagte, würde mir ein universelles Gelächter antworten. Vielleicht in fünf Jahren, jedenfalls in fünfzig wird es Jeder einsehen.

"No need to wait for the millennium, no need to wait for a hundred or even fifty years"...

After the first Zionist Congress, Herzl noted in his diary (3.9.1897): "In Basle I founded the Jewish State. Had I said so aloud, I would have met with universal laughter; perhaps in five years, certainly in fifty years, everybody will recognize this".

Fifty years and eight months after these words were written, the State of Israel came into being.

公元前 2000 年，犹太人曾在这片土地上建立过辉煌的大卫王国，之后遭罗马人驱逐。犹太人渴望回归此地。在撰写《新故土》一书时，已经存在的雅法、海法、提比利亚[12]、耶路撒冷等城市，都被新社会的移民们看作是现代化城市，海法更是被誉为发达城市，是城市群里的“新城”（Nouvelle ville），耶路撒冷也在“老城”旁边建了“新城区”（Nouvelle cite）。现在，政治社会变革带来了这一次“现代化”繁荣的机会。书中还述及犹太人理想社会的空间、城市和建筑，现代化的特点是有组织、景观协调、洁净和美丽。

新社会组织的特点迅速体现在各项规划中，如公路、铁路、航运网规划和用地规划等。有两项举措尤其引人注意，一是现有城市的美化，二是建设真正的新城。由本书中的一些图纸可以看出，是斯坦贝克（Steinbeck）等一些建筑师们规划了城市空间，这并不奇怪，当时还没有职业的城市规划师。在这个乌托邦里，建筑师发挥着重要作用，他们把一切都画出来了：街区和城市，公共建筑和住宅，从最重要的到最简朴的。风景绿化也自成网络，覆盖城市和移民农庄（les colonies agricoles）[13]。这些移民农庄早在犹太人大量涌入之前就存在了，是由欧洲犹太慈善机构出资建设的。20 世纪初的移民农庄是一种切实存在的现象，比如罗斯柴尔德（Rothschild）的男爵庄园，有些是基布兹[14]。这次大规模的统一规划建立在锡安主义的基本信念上，即犹太人民自己掌握自己的命运。不再像在波兰的农村，不再居住在好人家里或好人提供的土地上，而是居住在自己的土地上。《新故土》强调，有组织的社会将有利于推动巴勒斯坦地区的现代化，尤其是城市的现代化。

---

12. 提比利亚（Tibériade），加利利湖西岸的以色列城市。——译者注

13.les colonies agricoles，“庄园”、“移民农庄”之意，指一些人共同到国外耕作生活，在当时并没有今天“农业殖民地”的意思。

14. 基布兹（kibboutz），希伯来语“团体”的意思，是以色列特有的一种农业合作组织和自愿组织的集体社区，信奉财产共有、平等合作。——译者注

15. 德雷福斯事件（Affaire Dreyfus），指 1894 年法军犹太裔军官德雷福斯被诬陷及判刑，法国右翼势力趁机掀起反犹浪潮的系列事件。——译者注

16. 《法国犹太人》（*La France Juive*），一说出版于 1886 年，该书极度丑化和仇视犹太人。——译者注

17. 赫茨尔批评所谓的“实践”（pratique）锡安主义的方式。1897 年在巴塞尔举行的首届世界锡安主义大会上，他提出了犹太自治向独立国家的转变。所谓“综合”（synthétique）锡安主义，是实践与政治的综合，该理念形成于 1907 年在海牙（Haye）的第八届会议上，由查姆·魏兹曼（Chaim Weizmann）发言提出。

18. 城市移民（colonisation urbaine），此处对应“移民农庄”，指获取原来的农用地并转为城市建设用地。——译者注

左上：1902年，西奥多·赫茨尔《新故土》手稿节选，“无需再等一千年，甚至连一百年、五十年也不要等……”1897年9月3日的第一届锡安主义大会后，赫茨尔在他的日记中写道：“在巴塞尔我已经建立了犹太国家。正像我高声宣称的那样，可能在5年之内，绝不超过50年，我将听见全世界的欢笑声。每个人都将认识到这一点。”写下这些话50年零8个月之后，以色列国家成立了。——译者注

右上：1918年巴依特（Ahuzat Bayit）街区的赫茨尔街，街道尽端是赫茨尔高中（Gymnasia Herzlia）（K）

阿瑟·鲁宾（1876—1943）在柏林大学和哈勒（Halle）大学学习法律和经济，并对自然科学和生物学感兴趣。1908年世界锡安主义组织执行委员会主席沃尔夫森（Wolffsohn）在雅法设立巴勒斯坦办公室，任命鲁宾为办公室主任，同年创建巴勒斯坦土地开发公司。1920—1921年间鲁宾担任锡安主义委员会委员，1921—1927年及1929—1931年间两度担任锡安主义执行委员会委员。（EJ）

2. 纸上谈城
（阿瑟·鲁宾，1907年）

19世纪末，欧洲反犹太主义运动开始升温，例如，1890年发生的德雷福斯事件[15]，1895年杜鲁门（Drumont）出版的《法国犹太人》一书[16]。在俄罗斯，成千上万的犹太人遭屠杀，包括妇女和儿童。面临这些迫害，犹太世界爆发了，他们要形成一个整体，推进锡安主义计划。这一次计划不再是精神上的或仅仅构建文化认同，而是考虑尽快建立犹太国家[17]。犹太人迅速组织起来，成立联合会和各类机构，举行大会和选举。反过来，这场大型运动更加剧了反犹浪潮。在巴勒斯坦，原先的移民农庄从此开始转变。世界锡安主义组织成立基金会，出资购买土地、安置移民。1909年由阿瑟·鲁宾（Avthuv Ruppin出任犹太国家基金会（Fonds National juif）主席，这个身材矮小、目光炯炯，总是穿着紧巴巴的深色西服的殖民地农民，一下子变成了古铜色皮肤，高举镰刀的开拓者。俄罗斯革命的胜利也指出了希望和模式，犹太人纷纷迎接这场运动，仿佛在黑暗中看到了光明。犹太国家基金会负责获取土地和再分配，从此不再只有农业用地，也安排有城市建设用地。很快，进行城市移民[18]成为重要工作，以推动在巴勒斯坦建立犹太民族之家的进程。

彼时，经人提议，刚刚移民到雅法的一些人决定在老城外新建一个居住区。当时的城市是“混合”的，大部分居民是巴勒斯坦阿拉伯人，小部分是犹太人、巴勒斯坦人或新移民。新街区位于老城和港口的东北面，由鲁宾主持制订了规划，所有人都必须尊重土地产权[19]。在给该区管理委员会的信里，他还解释了高度重视建筑和规划质量的原因：

“建设一个现代化的希伯来街区很重要……狭窄的街区道路和肮脏鄙陋的房屋是犹太人的污点，令人感到羞愧，很多优秀人才也因此犹豫是否来此定居。对雅法的犹太人而言，建设有良好卫生条件的住宅是头等大事。重视建设犹太街区是迈向犹太经济复苏和征服雅法的重要步骤，这一点绝无夸张。”[20]

与犹太人所建设的其他城镇不同，鲁宾等人要把它建设成为当时的“现代化”街区。事实证明，现代化的城市建设有力地吸引了移民，与雅法老城形成鲜明对比。这些都是特拉维夫城市建设历史的重要历程。

当时，巴勒斯坦地区的现代化典范是萨隆纳[21]平原和海法的德国殖民地，那里有笔直宽敞的中央大街和栅栏，受到重视的绿化，这些都得到犹太城市化先驱者的赞赏。

“巴勒斯坦地区的犹太社会在雅法和耶路撒冷旁边建立洁净卫生的新城区非常必要……如能合理建设道路和住房，配备浴室和排水系统，有小花园或至少有几盆花。人们在巴勒斯坦地区能看到这样的景观……那么就会有人考虑来此定居的。”[22]

现代化新城的要件是给排水系统，需要建设城市道路并科学铺设上下水管。1917年的航拍照片显示了新区的道路规划和周围散布的房舍。

右上：1877年海法市的德国殖民地“圣殿骑士团骑士”，雅各布·舒马赫（Jacob Schumacher）。（HS）

左下：海法市德国殖民地的迦密山（Carmel）道路两侧景观，20世纪60年代。（H）

19.Eliakin Tsadik，引自尼萨·梅兹格-苏慕克（Nitza Metzger-Szmuk），1994：13。

20.1907年阿瑟·鲁宾致巴依特街区管理委员会的一封信，引自约斯·卡茨（Yossi Katz），1986年。（希伯来文）

21.萨隆纳（Sarona），位于雅法东北，是德国圣殿骑士团在巴勒斯坦建立的最早的移民地之一，今为特拉维夫城区一部分。——译者注

22.纳胡姆·索科洛夫，《世界报》（*Ha Olam*），1908年5月27日，引自约斯·卡茨（Yossi Katz），1986年。

雅法的拓展和特拉维夫雏形，1917年11月22日雅法西南方向的航拍照片。（BH）

3. 异见之城

（阿基瓦·阿里·魏斯，1906 年）

20 世纪初，一位新移民对此城满怀梦想。48 岁的阿基瓦·阿里·魏斯（Akiva Arieh Weiss）原籍波兰罗兹[1]，1904 年第一次来到“以色列大地”，他因罗兹的“Hibat Tsiyon”[2] 运动而深受锡安主义影响。

后来他成为特拉维夫城市的五位创建人之一。几年之后，摄影师索斯金（Avraham Soskin）给他拍了肖像照——完全秃顶、衣着得体、蓄有胡须，闪亮的目光似乎隐含着某种忧虑，牵强的笑容或许意味着一丝失望？另外一张照片是时任市长梅尔·迪森高夫（Meir Dizengoff），他神情庄严，像拿破仑一样把手放在胸前。如今，迪森高夫被视为特拉维夫之父，魏斯则已被人遗忘。但是魏斯的外孙女艾德娜·Y. 寇恩（Edna Yekutieli Cohen）并没有忘记，她竭力宣传特拉维夫建城之父应该是魏斯。现在，互联网虚拟重现了阿基瓦阿里·魏斯的形象，一位收藏家甚至出售他的一封签名信，这似乎说明魏斯才是特拉维夫的第一个“梦想者”，对建城发挥了重要的作用。

魏斯于 1904 年夏末来到特拉维夫，待了两个月。后来去贝鲁特，一个淘气的孩子向他喊“你的国王已经死了”。是的，锡安主义之父赫茨尔刚刚去世[3]。由此，魏斯下定决心要参与完成伟人遗愿。他认为，在创建犹太国家的道路上，光靠建设农业殖民地或现有城市周边新区是不够的。他的脑海中浮现出一个疯狂的念头：在巴勒斯坦地区建设一座欧洲式的、犹太人自己的城市。他认为，如果纽约是美洲港口的话，第一座希伯来城市将开辟现代世界通往以色列大地之门。

根据史书，一般认为特拉维夫发端于一个简陋的小街区巴依特（Ahuzat Bayit）[4]，由 20 世纪初几个犹太家庭在雅法东北部建立。

阿基瓦·阿里·魏斯，约 1926 年。（MHT）

特拉维夫的首任市长梅尔·迪森高夫，1910 年。（MHT）

首任市长梅尔·迪森高夫[5] 是其创建者之一，还有一张“1908 年特拉维夫建城”的老照片为证。这张黑白老照片由特拉维夫的著名摄影师索斯金拍摄，他还拍了城市创建者们的肖像照。特拉维夫市政府于 1926 年用三种语言公布了一部有 77 张老照片的摄影集，并在国内和全球的犹太人中巡展。这些照片是城市建设历史的重要记录，彰显了先驱者的重要工作。

1908 年，一些犹太家庭聚集在沙丘上，为雅法老城东北两公里处的地块进行抽签。白色贝壳上写着地块编号，灰色贝壳上有各自的姓名。大家选出一名男孩作为代表抽一部分签，一个小女孩抽另一部分。灰蒙蒙的天空之下，茫茫荒漠之上，到处是黑色裙子和圆顶礼帽。这张照片令人感慨良多。城市创建者的后裔对此则有不同意见。舍罗社（Chelouche）家族后裔认为，巴依特与其他街区原来是一样的[6]，唯一的不同是其规划较好。但是魏斯的外孙女寇恩认为，她外公在乌克兰的老家最初想象的就不是简单的街区小镇，最初梦想的就是一座真正的城市，一座有能力吸引外来移民并为他们提供工作岗位的大城市。

1. 罗兹（Lodz），也称罗茨，或洛兹，因其犹太聚集区及二战期间大量犹太人被屠杀而为人所知。——译者注

2.Hibat Tsiyon，希伯来语中“Hibat”是爱，“Tsiyon”是以色列在圣经中的名称，那时还没有以色列。——译者注

3. 西奥多·赫茨尔于 1904 年 7 月 3 日病逝于奥地利。——译者注

4. 巴依特，意为“拥有一栋房屋”（possession d’une maison）。

5. 梅尔·迪森高夫，《特拉维夫及其发展》（Tel-Aviv and its development），特拉维夫，1935 年。

6.2002 年 5 月 14 日的会面。

1. 罗兹（Lodz），也称罗茨，或洛兹，因其犹太聚集区及二战期间大量犹太人被屠杀而为人所知。——译者注

2.Hibat Tsiyon，希伯来语中“Hibat”是爱，“Tsiyon”是以色列在圣经中的名称，那时还没有以色列。——译者注

3. 西奥多·赫茨尔于 1904 年 7 月 3 日病逝于奥地利。——译者注

4. 巴依特，意为“拥有一栋房屋”（possession d’une maison）。

5. 梅尔·迪森高夫，《特拉维夫及其发展》（Tel-Aviv and its development），特拉维夫，1935 年。

6.2002 年 5 月 14 日的会面。■

上图：这张摄于 1908 年的照片被视为特拉维夫建城的见证，名为“沙丘上的抽签”。(MHT)

下图: 平整沙丘，1908年。(MHT)

二、神秘之城

右页：虚实有序、黑白相间：建筑师马克思·扎尼瓷基（Max Zarnitzky）设计的 Nachmani 路 3 号 Nimatchov 大楼，摄影师艾萨克·卡尔特（Isaac Kalter）记录的 20 世纪 30 年代特拉维夫之美，1935 年。(IK)

罗斯柴尔德林荫大道上的特拉
维夫建城纪念墙。（JMP）

二、神秘之城

下图：巴依特街区东侧航空照片，1918 年 1 月 12 日。（BH）

1. 弗朗索瓦丝 · 萧伊（Francoise Choay）于《城市建设艺术》（*L'art de bâtir les villes*）一书第 5 页序中引用（sitte，巴黎，L'équerre 出版社，1980 年）。

2. “铺了一块白色桌布”（faire nappe blanche），来自其 1931 年撰写的《白色桌布》（*Nappe Blanche*）一文，意思是与过去的城市规划方法彻底决裂，重新开始。1965 年法国《新观察家》（*Le Nouvel Observateur*）。——译者注

3. 赫茨尔，《新故土》，1960：46。

4. 参阅第一章，第 31 页。

2004 年，特拉维夫中心城区列入联合国教科文组织世界遗产名录（la liste du patrimoine mondial de l'Unesco）。可是这个屡被旅游资料提及的“白城”究竟在哪儿呢？外国游客和那些不留心的人几乎注意不到它。中心城区的有些建筑外墙已经翻新过，倒是那些龟裂的浅灰色外墙和破败的塑料百叶窗给人的印象更深。无疑，白城并非只是光洁的外观，它更可能是一种闪亮记忆的无形光辉。

1. 特拉维夫“白城”的光与影

传统史书不断提及，与 20 年代兴起的新建筑运动几乎同时，1948 年以前的特拉维夫创建于荒漠之中，就像勒 · 柯布西耶曾说的[1]：“铺了一块白色桌布”[2]。但是以色列人记忆的源头更早，白城的概念和处女地的想法都来源于建城五年前的乌托邦，即赫茨尔的《新故土》。犹太人在那里建造白色耀眼的房屋，象征着让毫无生机的巴勒斯坦重振雄威。

据记述，犹太人建造的多是白色方正的独立式房屋，房屋之间的道路划分了各个街区，并与工厂和公墓相隔。新街区与雅法老城对比强烈：

“圣 - 让 · 达克尔（Saint-Jean d'Acre）的北部石头房屋很多，灰外墙、圆穹顶，清真寺的尖塔指向天空，东方风味的城市轮廓多年不变。但在南端……港湾四周到处都是豪华花园，圣 - 让 · 达克尔山坡上遍布着白色别墅……”[3]

白色房屋与现代建筑没有多少关系。20 世纪初的白色混凝土是参考地中海别墅的石灰白，这个白色更多是指光芒。在巴勒斯坦的阳光照耀下，如此热烈的光芒使雅法老城的建筑失色，那些房屋墙壁和清真寺似乎泥土味太重了，对比之下穆斯林城市就像在采石场里重新矿化了一样。

锡安主义的激情建设破坏了巴勒斯坦的既有地貌和空间肌理。“白城”是有阴影的。

多年以来，特拉维夫史书关于意识形态的争论值得玩味。以色列高校研究有“黑色城市”（Ville noire）一说，专指雅法南端被废弃的街区，甚至质疑著名的沙丘照片[4]的真实性：那张照片只不过是剪辑出来，特拉维夫的白色或许只是灵光一现。

“黑色城市”的观点或许正是批评社会政治缺失以及对阿拉伯社会结构的破坏。这种巨变不同于常见的单边主义，但这两者并

无可比性。不管是特拉维夫新城还是耀眼的白色内城，抑或是那些为塑造新的城市空间所做的努力，都需要回避黑色，尽量突出“白城”，用影来衬托光。因此，有必要仔细分析全球首座希伯来城市的用地状况，“审视”这块大多数犹太人都觉得神秘的土地。那时，这块神秘土地究竟是什么样子？

2. 耶路撒冷与“巴勒斯坦荒漠”

罗马时期犹太第二圣殿被毁，家园破碎，犹太人离开了祖祖辈辈生活过的地方。直到19世纪末，也就是锡安主义初期，一代代犹太人只能不断地呼吁回归，回到耶路撒冷——上帝的应许之地。不管是在喀尔巴阡山脉还是波兰犹太聚集区，摩洛哥城犹太区还是埃塞俄比亚犹太区，数百代虔诚的犹太人每天晚上都在祷告：“明年在耶路撒冷……”。

耶路撒冷是所有希望的中心，是千年不灭的心愿，犹太人传承的圣训就是“回到耶路撒冷，锡安主义者的梦”[5]。在锡安主义梦想的城市里，宽阔笔直的道路通向全国，城市分为四个街区，有城墙、古寺，如奥马尔清真寺（mosquée d'Omar），大量犹太人从世界各地涌向（耶路撒冷），在西边，他们的船在雅法靠岸[6]。令人惊讶的是，耶路撒冷以外的地方听上去就像是未开化的荒地。

赫茨尔书中的犹太复兴计划刻意展现了当地的荒芜，与“回到耶路撒冷”梦想的情景相同。它只字未提许多巴勒斯坦老照片上常见的梯田作物或橄榄树，原始风貌被描述为一片荒漠，种植过的土地也显示荒芜。土地、城市和农村，一切都似乎凝固，只等待着复兴行动。

除了一些细节，赫茨尔的论调几乎就是典型的殖民主义者论调，尤其是对当代移民和原住民两者缺乏公平的对待。

在20世纪初的殖民背景下，一些文章只报道非洲和中东实际情况中的负面信息，其潜台词就是欧洲人自认为圣徒。一方面，被殖民的国家和社会似乎停留在蛮荒时代，那么另一方面，建设一个先进社会就是合理的。殖民和移民带来了现代化，但被殖民国家发展迟缓、反对现代化，这一矛盾现象在《新故土》中就存在。赫茨尔用来描述阿拉伯房屋和城市的词与描述新城建筑的词截然不同。比如，阿拉伯人的房屋脏、穷、破、旧，而犹太人的房子则净、富、坚、新，言下之意就是鼓吹现代化、城市化。

同时有必要指出，20世纪初锡安主义运动有别于帝国主义，锡安主义运动具有国民主义（“人道主义”，humanitaire）的特点。历史学家和政治学家Z. 斯坦恩豪（Zeev Sternhell）如此评论：

“与当时其他的民族主义（nationalismes）相比，锡安主义不是犹太人的奢侈品，而是生存必需品，是生存民族主义。”[7]

“其国家建设的首要任务是存续那些遭受俄罗斯沙皇和纳粹德国屠戮的欧洲犹太人的人身和精神，这一危险当时是客观存在的，绝非无限制的侵略性民族主义。”[8]

锡安主义计划与殖民论调的不同之处还在于坦诚自己不了解原住民，而非组织剥削他们。

赫茨尔的乌托邦夸张了阿拉伯老城的肮脏破败，否认当地文化传统，突出其自然荒蛮，让英国托管政府和锡安主义者的关系发生了根本的转变。在此期间的文件和宣传中，巴勒斯坦地区阿拉伯人的存在痕迹被弱化，直到20世纪20年代才在政府报告中揭开面纱。

1921年，英国驻巴勒斯坦高级委员会委员长温戴姆·迪德斯爵士（Whindam Deedes）履新耶路撒冷，曾参观并盛赞Rehovot、Nes Ziona、Ben Schemen等犹太殖民地为沙漠绿洲。他在致世界锡安主义组织主席查姆·魏兹曼[9]的信中说：

“不同于阿拉伯村子里的泥草棚（我不

---

5. “回到耶路撒冷，锡安主义者的梦”（Back to Jerusalem,The Dream of the Zionist）。

6. 此处指由欧洲坐船向西航行，过地中海到达巴勒斯坦地区。——译者注

7. 引自N. 维尔（Nicolas Weill），《“父辈创建者”的锡安主义曾经是一种文化民族主义》（*Le sionisme des “pères fondateurs” était un nationalisme culturel*），1996-05-21《世界报》（*Le Monde*）：13。

8. N. 维尔，《从民主社会主义到国家社会主义》（Du socialisme démocratique au socialisme national），《世界报》。

9. 查姆·魏兹曼（Chaim Weizmann，1874—1952），化学博士，1949年起任以色列首任总统。——译者注

10.1921年8月1日迪德斯（Whindam Deedes）爵士致查姆·魏兹曼信第2页，“不同于阿拉伯村子里的泥草棚（我不认为那是房子），你可以看到白色或灰色石头建造的别墅，屋顶是浅樱桃红色的。”（ISA）

11. 参阅《巴勒斯坦农村之家》（*The Palestinian Village Home*），Suad Amiry与Vera Matri合著，英国博物馆出版有限公司，1989年。

12. 参阅《巴勒斯坦阿拉伯建筑和民风》（*The Palestinian Arab House. Its architecture and folklore*），Tofic Canaan著，叙利亚Orphanage出版社，1933年。

13. 两个基金会指“Keren Hayesod”与“Keren Kayemet”，均为国家基金会，前者是以色列建国前使用的名字，“keren”是基金，“hayesod”，意为基础，“Kayemet”意为拥有土地。——译者注

14.《巴勒斯坦通讯》（*Palestine Correspondance*）第三卷，第17册，1927-01-5。

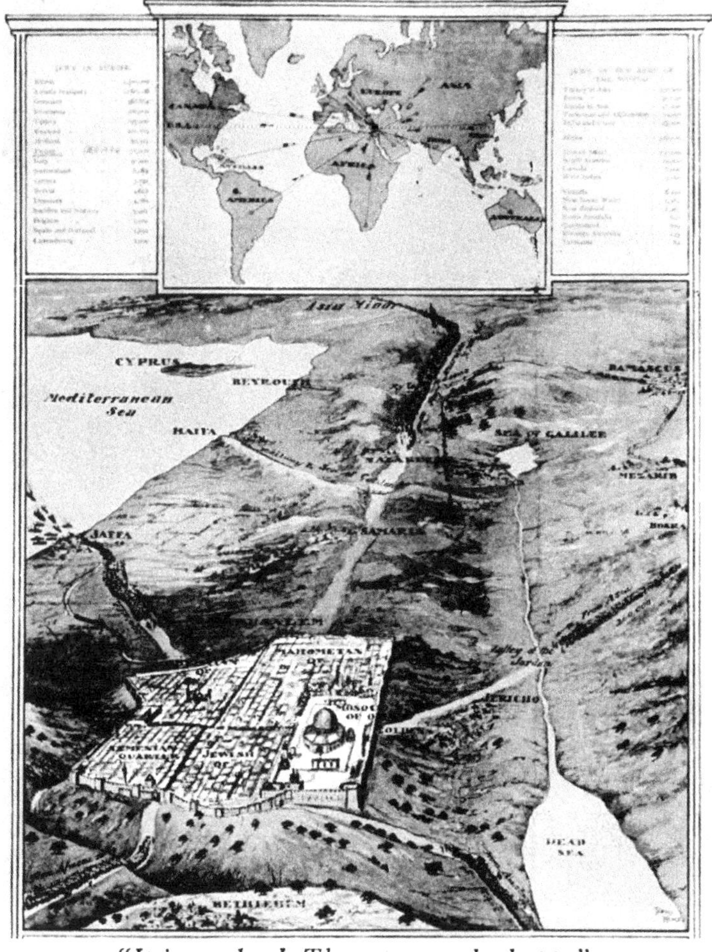

"It is our land. There we can be happy"
Map showing part of the Holy Land

认为那是房子)，你可以看到白色或灰色石头建造的别墅，屋顶是浅樱桃红色的。”[10]

而事实上，档案资料显示，大多数阿拉伯农村房屋也是用石头建成的[11]。此外，传统的巴勒斯坦农村土坯房也是实实在在的住宅，而且还是可持续的建造方式[12]。无论特指或泛论，巴勒斯坦传统建筑都应被视作自然生态建筑。但在委员长先生看来，这些土坯房屋只是泥草棚——有时土壤一词还有褒义，泥草棚就只能令人联想到泥浆了，阿拉伯人的住宅只能权称为房。

威兹曼马上命令锡安主义组织驻伦敦办公室成员阿德勒（Adler）将此函转交殖民部，消息很快就在全世界的锡安主义者中传播开来。1927 年 1 月 5 日又成立了新闻办公室，协调锡安主义组织执行办公室与分管募集资金和购置巴勒斯坦土地的两个基金会[13]的新闻宣传。新闻办公室主任与上述机构共同拟定宣传计划，并由犹太媒体和其他各类媒体发布。此外，他们还共同设立了摄影处[14]。一个月后，两大国家基金会编辑了一本名为《重建犹太之家》(*Rebuilding of the Jewish Homeland*) 的手册。亚历山大·古德斯坦（Alexander Goldstein）博士在东方到处分发，甚至远播到印度和澳大利

上图：“回到耶路撒冷，锡安主义者的梦”，1960 年出版的《新故土》中来源不明的地图，赫茨尔标注：“这是我们的土地，我们的幸福之所”和“圣地局部图”。

下图：“当弥赛亚（Messie）来到特拉维夫建造家园”，建筑师协会 1937 年杂志插图。(HBH)

亚，并派遣代表团出访各国尤其是波兰[15]，向最偏远的犹太街区[16]报告基金会的活动。手册被译为希伯来语、意第绪语（yiddish）[17]、德语、英语、法语和俄语等多种文字[18]。

由此，英国托管政府官员和锡安主义领导人都认为巴勒斯坦城市和建筑破烂不堪，并视作无物。虽说这种观点当时看似无害，但隐藏的寓意却不然：犹太人的城市和居民点都是建立在荒地和沙漠上的。在犹太移民的意识里消除巴勒斯坦阿拉伯建筑的存在，这一修辞性说法将有利于推行锡安主义计划，从而避免了有可能产生的罪恶感，赫茨尔“把没有居民的土地交给没有土地的居民”[19]的梦想也借此实现了。

特拉维夫的其他历史文献中是否找得到不同论述呢？

3. 特拉维夫与雅法的荒沙

《新故土》散发着宗教般的建设狂热。不管是对“犹太社会”的物质营建还是精神塑造，每一次辛劳都像是再添加一块基石[20]，这就是赫茨尔描绘的新型犹太社会。建设工作也培养了团结互助友情，有利于强化社区精神：

“他们铺路搭桥，开挖运河，铲除路上的石头以便让斗式提升机通行，建造房屋，种植树木。每个人都知道我为人人、人人为我。他们在上下工的路上唱着歌。春天不仅在自然中，也在人们的心里。”[21]

字里行间还流露出另一个观点，1957 年阿格侬（Agnon）描述从沙地上崛起的特拉维夫一文中写道：

“获得的一块土地上有沙丘沟壑。他们先招募工人平整土地，之后才能建房。同胞们开始铲平沙丘、填平沟壑，从海边搬运石头来填补土方。用骆驼和驴子运输沙子，推着独轮车全速前进，镐锹挥舞作响，压路机夯实石头，人们在大石块之间铺上小石子，铺平沟沟坎坎……”[22]

下图：1921 年时的 Allenby 街，索斯金（Avraham Soskin）摄。（S）

15. 当时波兰的反犹局势影响比较恶劣。——译者注

16.《巴勒斯坦通讯》（*Palestine Correspondance*）第三卷，第 22 册：3，1927-2-9：3。

17. 东欧和美国犹太人用。——译者注

18.《巴勒斯坦通讯》（*Palestine Correspondance*）第三卷，第 22 册：5。

19. 西奥多·赫茨尔，《犹太国》（*L'Etat Juif*），由 Sadek El-Azm 援引，《锡安主义就是殖民事业》（*Sionisme .Une entreprise de Colonisation*），《大百科全书》（*Encyclopedia Universalis*）第 14 卷：1060。

20. 指有所回报。——译者注

21. 赫茨尔，1960：167。

22. 阿格侬（Samuel Joseph Agnon），《最初的特拉维夫》（*Les débuts de Tel-Aviv*），《以色列文学艺术杂志》（*Ariel, Revue des Arts et des Lettres en Israel*），1990，77-78：6，Nissim Mordecai Ben-Ezra 译，以《特拉维夫创建中的上帝之力》（*La part de Dieu dans la création de Tel-Aviv*）为题发表于 1957 年 9 月 6 日的《以色列通讯》（*l'Information d'Israël*）。

左页：索斯金（Avraham Soskin）的三张照片，包括此前一张均来自 1926 年的摄影集，曾由迪森高夫市长曾送给特拉维夫的贵宾。（S）

上图：1910 年平整本雅明（Nahalat Benyamin）路的路面

下图：1923 年罗斯柴尔德东大道现场

直至 20 世纪末，有关特拉维夫的出版物都会述及一座诞生于沙漠之中的城市和那些艰苦的共同劳作。1934 年，Keren Hayesod[23] 基金会的刊物在强调特拉维夫的独特性时指出：

“一战后，世界上没有什么地方的居民可以像本城居民一样，自豪地宣称‘我们亲眼目睹了创建城市。我们把昨日脚下的荒沙变成今日繁忙的街道’”。[24]

1947 年，在这家基金会的另一本刊物上，我们看到此城“……似乎，奇迹般地，屹立在炙热的沙地上……”[25]。两年之后，即建城 40

23. 原文疑误作“Ayessod”。——译者注

24. “一战后，世界上没有什么地方的居民可以像本城居民一样，自豪地宣称‘我们亲眼目睹了创建城市。我们把昨日脚下的荒沙变成今日繁忙的街道”，《犹太城镇》（*The Jewish Town*），Keren Hayesod 基金会，1934：4-5。

25. “……似乎，奇迹般地，屹立在炙热的沙地上……”，《特拉维夫》（*Tel-Aviv*），Keren Hayesod 基金会，1947：1。

左图：1910 年的罗斯柴尔德大街

周年之时，这家基金会提出一个观察特拉维夫城市建设的真实历史视角，“能够看到城市如何从荒漠里建起来”[26]。此后，一系列的书籍中都出现相同的观点：1973 年宋娜·拉宝所著《沙丘上的特拉维夫》[27]，1979 年纳乌姆·古德曼所著《沙海之城》[28]，1990 年伊兰·舍奥利所著《从梦想到都市：特拉维夫的诞生和发展》[29]，最近出版的书籍还有尼萨·梅兹格-苏慕克（Nitza Metzger-Szmuk）分别于 1994 年和 2004 年所著《沙之屋》（Des maisons nées du sable）和《沙上之屋》（Des maisons sur le sable）。

如此神奇震撼的景象是否与史实一致？不可否认，城市建于神秘的沙地之上，但到底是谁的土地？综观上述，每个人都应重新思考“荒漠白城”的观点，抑或质疑它。■

26.“当有人读到这些时，可以看到特拉维夫真实的发展历史，能够看到城市如何从荒漠里建起来。”《特拉维夫 40 载》（*Tel-Aviv 40 Years*），以色列旅游新闻社，1949：7。

27. 宋娜·拉宝（Ziona Rabau），《沙丘上的特拉维夫》（*Tel-Aviv on the Sand Dunes*），Massada 有限公司，1973 年。

28. 纳乌姆·古德曼（Nahum Guttman），《沙海之城》（*Une cité de sable et de mer*），Shlomo Shva，1979 年。

29. 伊兰·舍奥利（Ilan Shehory），《从梦想到都市：特拉维夫的诞生和发展》（*Du rêve à la métropole: Tel-Aviv, naissance et developpement*），Avivim，1990 年（希伯来语）。

三、土地

右页：雅法及周边地区图局部，西奥多·山德尔（Théodore Sandel），莱比锡，1878—1879 年，比例 1:800。（HUC）

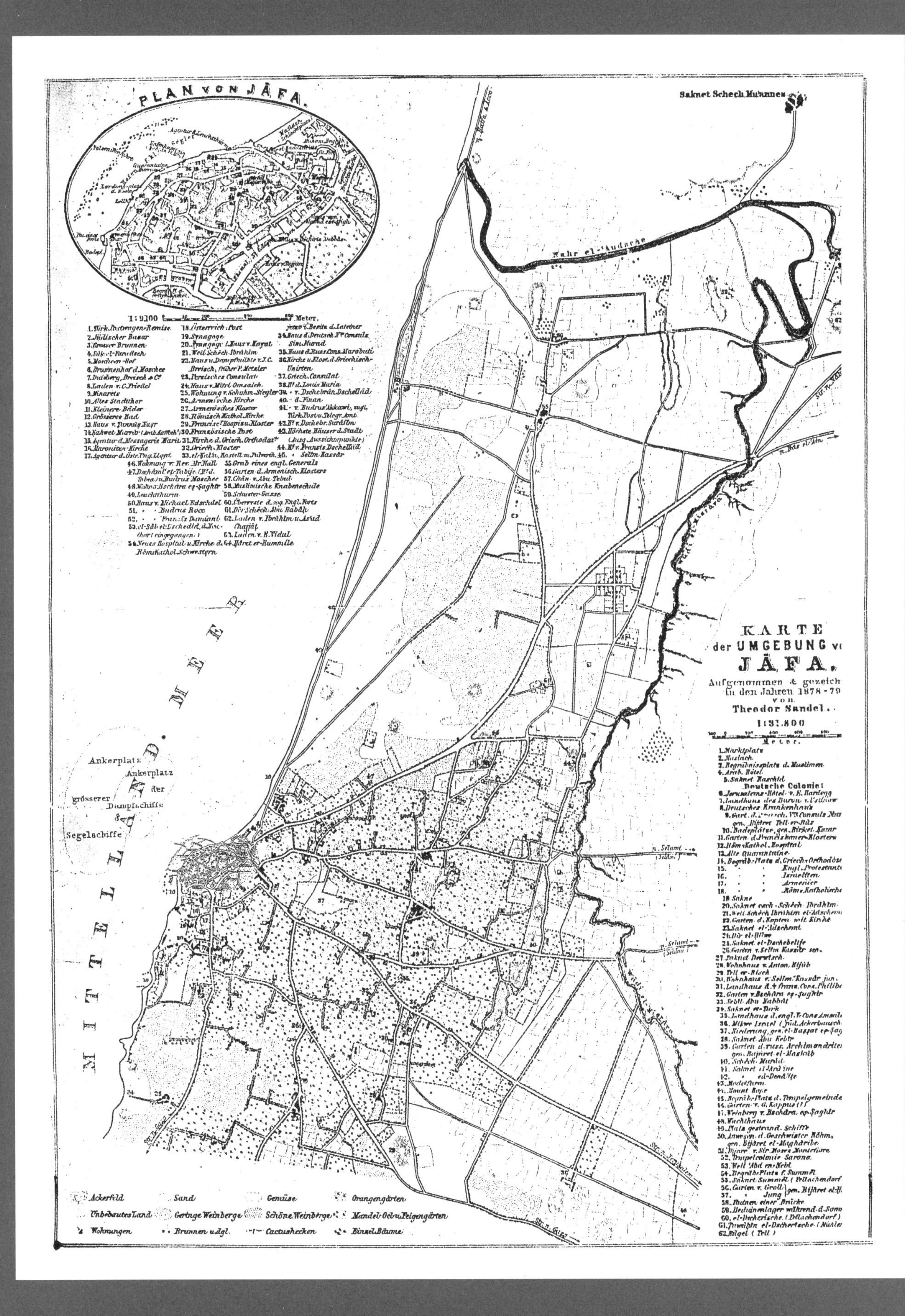
PLAN VON JĀFA.
Saknet Schech Mu'annes
Nahr el-'Audsche
KARTE
der UMGEBUNG v
JĀFA.
Aufgenommen & gezeich
in den Jahren 1878-79
von
Theodor Sandel.
1:31.800
Meter.
MITTELLAND. MEER
Ankerplatz
Ankerplatz der grösserer Dampfschiffe & Segelschiffe
1:9100 Meter.
1. Türk. Postwagen-Remise
2. Jüdischer Basar
3. Grosser Brunnen
5. Maschen-Hof
6. Brunnenhof d. Moschee
7. Duisberg, Breisch & Co
8. Laden v. C. Friedel
9. Minarets
10. Altes Stadtthor
11. Kleinere Bäder
12. Grösseres Bad
16. Maroniten-Kirche
18. Österreich. Post
19. Synagoge
21. Weli Schēch Ibrāhīm
23. Persisches Consulat
26. Armenische Kirche
27. Armenisches Kloster
28. Römisch Kathol. Kirche
30. Französische Post
31. Kirche d. Griech. Orthodox.
32. Griech. Kloster
35. Haus d. Russ. Cons. Marabuti
36. Kirche u. Klost. d. Griechisch-Unirten
37. Griech. Consulat
43. Höchste Häuser d. Stadt (Ausg. Aussichtspunkte)
45. Selīm Kassār
46. Wohnung v. Rev. Mr. Hall
49. Leuchtthurm
51. Budrus Rocc
55. Grab eines engl. Generals
56. Garten d. Armenisch. Klosters
58. Muslimische Knabenschule
59. Schuster-Gasse
63. Laden v. B. Vidal
1. Marktplatz
2. Maslach
3. Begräbnissplatz d. Muslimen
4. Arab. Hôtel
5. Sakhnet Raschid
Deutsche Colonie:
6. Jerusalems-Hôtel v. E. Hardegg
8. Deutsches Krankenhaus
11. Garten d. Franciskaner-Klosters
12. Röm. Kathol. Hospital
13. Alte Quarantaine
14. Begräb.-Platz d. Griech. Orthodoxe
15. Engl. Protestante
16. Israeliten
17. Armenier
18. Röm. Katholische
19. Sakne
20. Saknet esch-Schēch Ibrāhīm
22. Garten d. Kopten mit Kirche
26. Garten v. Selīm Kassār sen.
27. Saknet Derwīsch
29. Tell er-Rīsch
30. Wohnhaus v. Selīm Kassār jun.
32. Garten v. Bechāra es-Saghīr
38. Saknet Abu Kebīr
43. Modelfarm
44. Mount Hope
45. Begräb.-Platz d. Tempelgemeinde
47. Weinberg v. Bechāra es-Saghīr
48. Wachthaus
50. Anwesen d. Geschwister Böhm, gen. Bijāret el-Maghāribe
51. Bijāre v. Sir Moses Montefiore
52. Tempelcolonie Sarona
53. Weli 'Abd en-Nebi
55. Saknet Summēl (Tellachendorf)
56. Garten v. Groll
57. Jung
58. Ruinen einer Brücke
60. el-Dscherische (Tellachendorf)
62. Hügel (Tell)
Ackerfeld
Sand
Gemüse
Orangengärten
Unbebautes Land
Geringe Weinberge
Schöne Weinberge
Mandel- Oel- u. Feigengärten
Wohnungen
Brunnen u. dgl.
Cactushecken
Einzel. Bäume

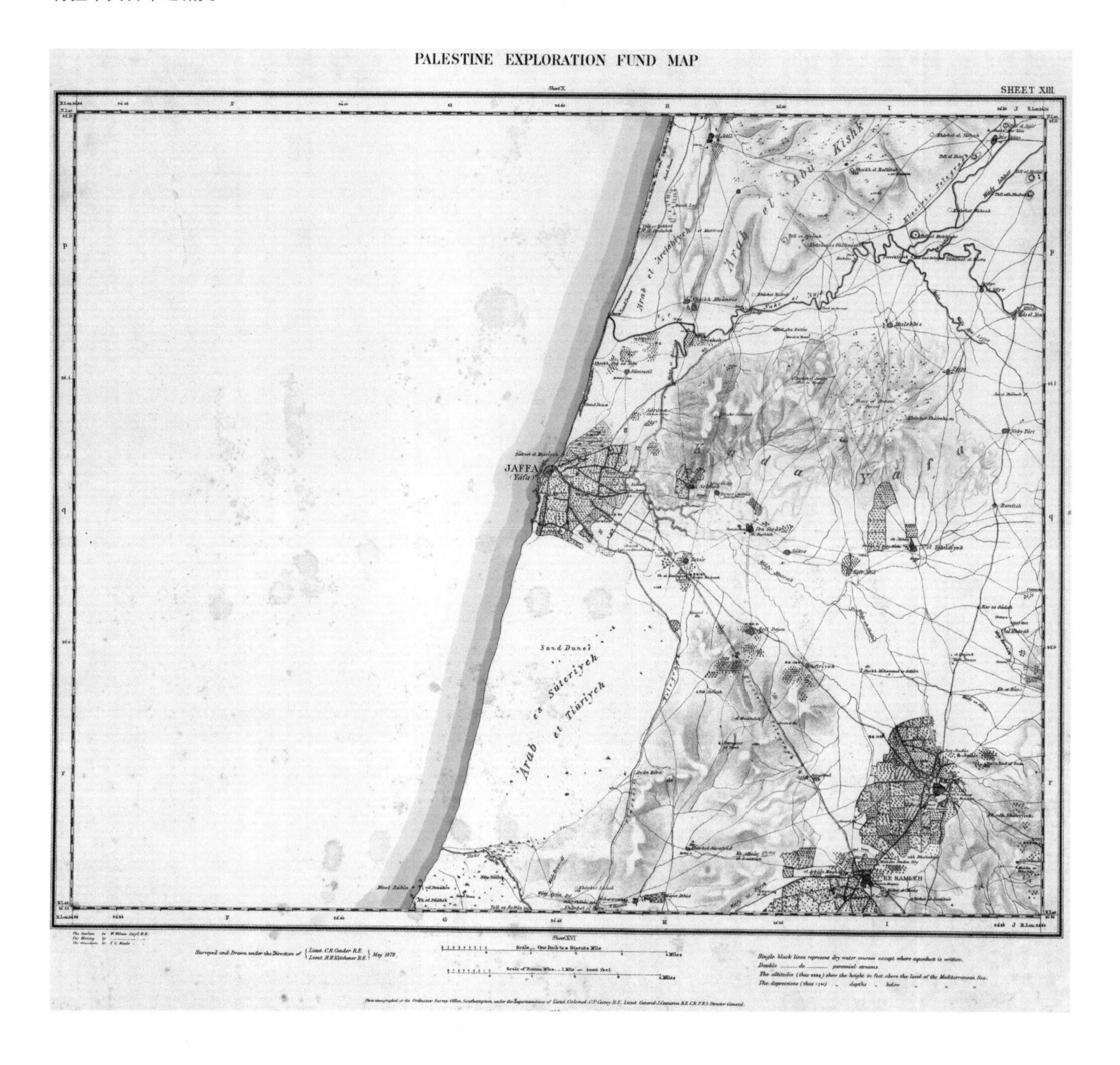

雅法地区图局部，巴勒斯坦开
发基金会，1878 年。（PLDC）

三、土地

雅法，由东北方朝大海方向拍摄的航空照片。雅法老城在照片的左上方，中间是曼什（Manshieh）阿拉伯街区，下部是散布的泽戴克（Neve Tsedek）和巴依特犹太街区。（P）

特拉维夫的建设分为两个历史阶段，一是1909—1918年的奥斯曼帝国末期[1]，二是1920—1948年的托管时期。如果说是基金会催生了此城，那么特拉维夫发展为真正的城市则是在英国托管时期[2]。然而，托管时期的一个特点是此地同时存在英国人和锡安主义者两种力量，居民则大部分是阿拉伯人。这三种人之间的紧张对立或相互妥协，在特拉维夫的历史上烙下特殊的印记。

19世纪末，犹太先驱者们奠定了他们未来国度的基础。那时的巴勒斯坦土地上，不仅有阿拉伯居民的老屋，也有基督教教堂、德国新教徒殖民地等其他建筑物。对某些人而言，土地曾是阿拉伯人的，现在已得到；对另一些人而言，土地是神圣的；对于第三类人而言，土地是应许的[3]。应该说，特拉维夫在20世纪上半叶崛起于一片复杂的“土地”。

历史图纸、当时的航拍照片和档案材料都可以用来描述这片土地，耕地、居民区和道路网都清晰可见。这些记录是德国人和英国人做的，先是来自英国皇家空军的航拍，后来是位于亚历山大的埃及测绘局，最后是巴勒斯坦测绘局[4]。不同图纸记录了不同时期、不同街区的印记，先是特拉维夫第一批房屋出现之时，后是第一批街区出现之时，但判读工作并非易事。有时候，图纸虽注明是某一日期的记录，但很难确认。要想反映真实的城市历史，前提是正确解读它们。

解读图片时应考虑制作该图纸的最初目的，图纸制作人、绘图类型、表现出来的或删减掉的信息，这些要素都应该加以考虑和过滤，它们有时使人糊涂，有时却让人获得关键的信息。

令人惊讶的是，航拍照片也要谨慎解读。英国人和德国人在第一次世界大战期间修订了航拍照片的战术解读手册。左边出现的是底片，右边则是解读图纸，并清楚注释如“注意到树木规则排列，和菜园一样……”确实，航拍照片能显示土地的确切状况，通过观察底片上清晰的线条，还能判读道路、篱笆和沟堑。

---

1. 通常将1453年5月29日攻占君士坦丁堡视作奥斯曼帝国的开端，奥斯曼帝国开始成为欧洲和近东地区的强国之一。

2. 1920年4月25日在圣雷默（San Remo，意大利与法国南部交界处的海滨小城。——译者注）盟军将巴勒斯坦交给英国托管，并于1922年6月24日获国际联盟（Société des Nations）批准，1948年5月14日以色列宣布建国（《犹太百科全书》（*Encyclopaedia Judäica*） 第11卷：861-863）。

3. 指圣经所说的上帝应许之地。——译者注

4. 关于巴勒斯坦航拍照历史介绍和图片请参阅Benjamin Z. Kedar所著《土地的变化：在约旦与大海之间（1917年至今的航拍照片）》（*The Changing Land; Between the Jordan and the Sea(Aerial photograghs from 1917 to the present*）：13-41，国防部/Yad Izhak Ben-Zvi出版社，1999年。

上图：东侧的曼什街区（靠近大海）、泽戴克街区（中部）和巴依特街区（右下方）。

下图：该地区位于雅法北部。左侧是可耕地，中间是沙丘和沙滩，右侧是雅法的阿拉伯人和犹太人街区。

此外，该地区的第一张航拍照片摄于1918年[5]。但1918年时这个即将命名为特拉维夫的街区已经建造了10年，离建造雅法城墙外的第一批犹太住房则有30年了。因此，应该采用类似考古学的方法，但是要逆向考据。

考古学者“掘”地探秘，而此地需要从现在的城市回溯，即从高处回到地面，回到1887年建造第一批犹太住房之时。研究新兴城市的学者往往让研究古城的历史学家称羡不已：他们有大量的文字、海量的建设数据、成堆的图纸和照片。但过量信息也会妨碍追溯真相，解读难度与缺少资料的情况相当。

幸好有1878年雅法城周边最早的可靠地图，比例尺还算合适，可以算是该地后期建设的虚拟“底图”，让人看到特拉维夫建城之前的土地原貌。之后，1917年绘制的地图可以显示首批建筑物的所在。最后，1925年的宝贵记录可以看出与新兴的特拉维夫并存的那些地块。

1. 沙与土：雅法地区

巴勒斯坦自公元7世纪起由阿拉伯穆斯林统治，16世纪起归奥斯曼帝国统治。尽管人口稀少、耕植稀疏，被苏丹视为边远外省，但始终有人居住。有一些石头建的村落、城镇甚至大城市如纳布卢斯（Naplouse），其繁荣发展得益于制造肥皂、种植橄榄树、培植葡萄和橘园。直至今日，还可以在拉马拉（Ramallah）附近的Birzeit大学周围欣赏到如此美丽的城乡风光。

---

5. 巴勒斯坦地区的第一张地形图，拿破仑图（la carte de Napoléon），1799年由P. Jacotin指挥完成。这张图并不完全可靠，因为测量工作受部队转移的影响。班师回朝后，巴黎地图出版社将相关信息补充其中。地图比例是1:100 000，不足以显示雅法周边地块详情。

巴勒斯坦的城市原先有围墙，直至 19 世纪下半叶克里米亚[6]战争停止以后这些围墙才被拆除。奥斯曼政权曾设立市政府，并在每个首府城市建造“萨莱”（saray）[7]，即地方政府办公所在地，伯利恒[8]和雅法两个城市就是如此。此楼有时也被称作“府邸”（sérail）[9]，通常建在有钟楼的广场上。

德国人西奥多·山德尔（Théodore Sandel）于 1878 年绘制了“雅法及周边地区”地图，从图中可看出雅法城和港口周围的真实情况，有公路、马路、村落、房屋、农庄、菜园、仙人掌和水井，似乎能呼吸到海边的空气，闻到橘园的香味。雅法的公路通往巴勒斯坦东部和中部的城市，与萨拉米（Salameh）和克比尔（Abu Kebir）相连，再远的城市是凯勒基利亚（Kalkilya）、拉姆勒（Ramleh）和利达（Lydda），中心城区周围种植葡萄树、杏树和橘树。

特拉维夫位于雅法附近，南边是 Auja 河（Nahr el Auja，即现在的亚孔（Yarkon）河），北边是大海，西边和东边是 Musrara 小溪（wadi el Musrara，即现在的 Ayalon 高速公路）。

上图：19 世纪末（耶路撒冷地区）伯利恒岬角西南部景象，村庄位于照片右部，陡峭的斜坡上种有梯田。（CZA）

右图：1917 年的 Beffroi 广场。（AWM）

6. 克里米亚（Crimée）1853—1856 年间为争夺巴尔干半岛而爆发的战争，土耳其、英国、法国最终战胜俄国。——译者注

7. 波斯语，意为“府邸”（maison），土耳其语意为“宫殿”、“庭院”。

8. 伯利恒（Bethléem），位于巴勒斯坦中部，圣经记载为耶稣诞生之地。——译者注

9. 阿拉伯语中有多个不同的用词来表达“府邸”的意思，西北非摩洛哥、阿尔及利亚、突尼斯等马格里布国家称“达尔”（dar），巴勒斯坦称“奥什”（hosh），土耳其称“萨莱”（saray），伊朗称“塞拉伊”（sérail），都指府邸或庭院。“奥什”最初指有围墙的场所。

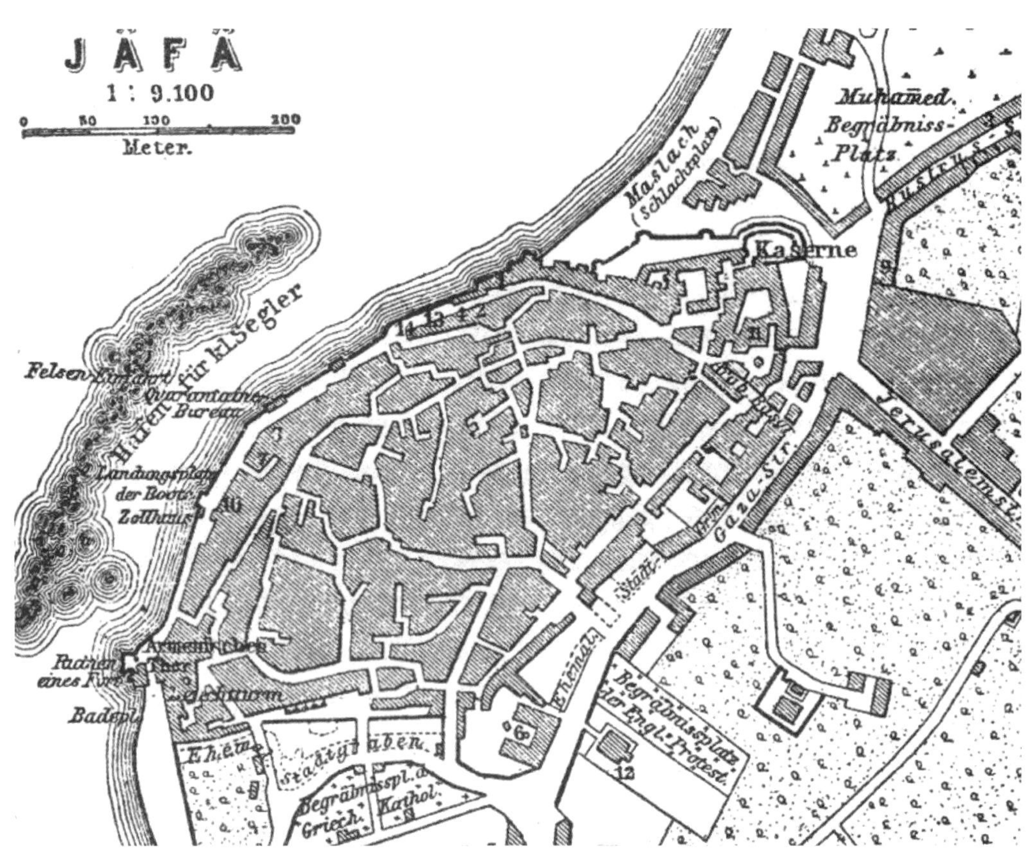

1904 年的雅法地图局部，比例为 1:9 100，引自 Kark，1982 年。

左图：雅法城东部的土地（未来的商业中心选址）。（S）

下图：从海上看雅法城，1900 年。

这张地图提供了通往雅法城的公路网的宝贵信息，三条主干道清晰可见，一条通往纳布卢斯，一条通往耶路撒冷，第三条通往加沙（Gaza）。地图显示了本地及周边的建筑物、种植地和沙地。两条公路连接苏美（Summeil）村和海边，那里有公墓和伊斯兰教隐士墓。也有“农房”，一种农民夏天看管田地用的石塔。到处都是谢克（sheik）[10] 墓，呈清真寺尖塔形。雅法城里阿拉伯街巷周围布满了星星点点的菜园和小块农地，连接了 El-Mas'udiye、Hammad 和 El-Araine 村庄以及 Krum er-Raml、El-Hikr、Arab el-Jammasin el-Gharbi、Ard el-Balad 和 Wad el-Asal 等小村庄的一些不规则地块。[11]

10. 村长。

11. 该地区的 5 个村庄日后成为特拉维夫的一部分。

גלויות וצפונות בגאוגרפיה
תל־אביב–יפו, התפתחותה של עיר

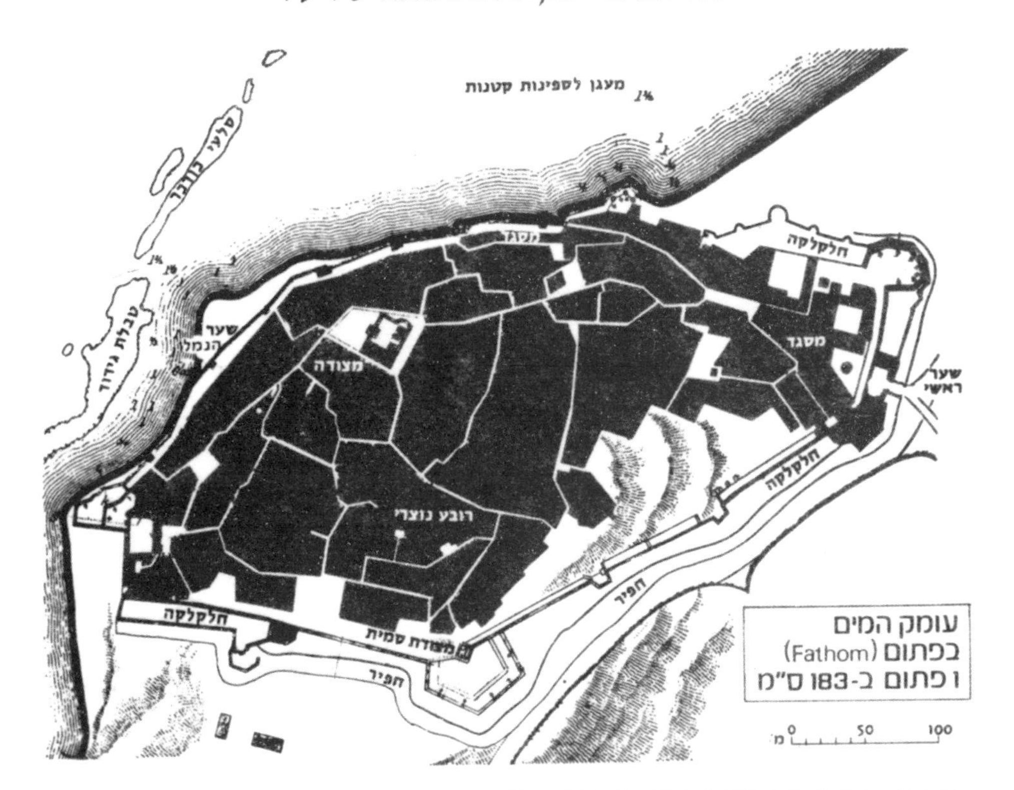

101 א. יפו העיר מוקפת חומה. מפה בריטית משנת **1842.**

上图：雅法城东北的El-Mas'udiye苏美村的图纸，1930年，巴勒斯坦测绘局，雅法，比例1:625。（PLDC）

下左：1842年的雅法城，英国地图局。（P）

下右：20世纪初雅法的阿拉伯咖啡馆。（JBK）

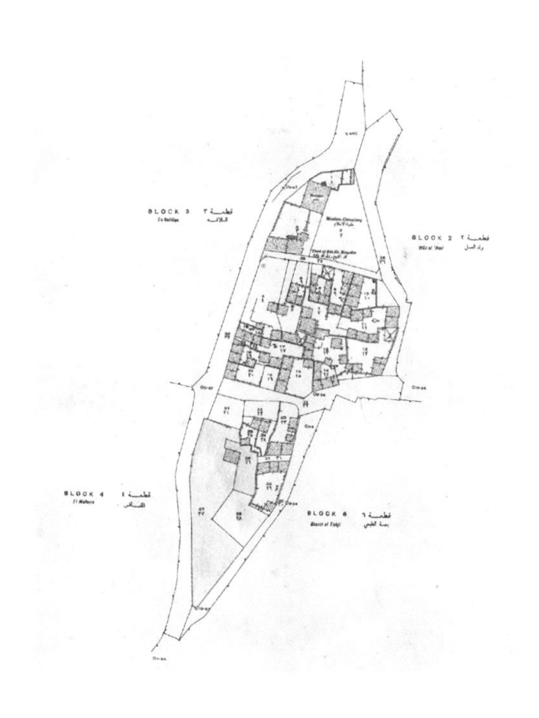

2. 住宅：城市家庭结构

古约旦（今约旦西部）西部地区建造的一种农村住宅形式，沿用了整个奥斯曼时期。这种住宅可以追溯到很久以前，甚至比耶稣诞生的时间还早，前几个世纪的朝圣者曾有记载。这种住宅一般分两层，比地面略高[12]，第一、第二层之间有夹层，在农村还会有一个半地下的马厩。城郊结合部住宅的楼层地板是木制的。大致如此。

由于没有事先计划和控制，人口和家庭的增加使城乡的密度都增加了。城乡是反映社会组织结构的空间载体，围绕着内院的那些房间，或者说造在地基上的那些住宅，是每个家庭生活的场所。基本家庭有一对夫妇和他们的孩子，大家庭或氏族（阿拉伯语为“哈姆拉”（hamula））由同宗的多个家庭，包括许多老人小孩共同组成。他们的住宅称为“奥什”（hosh），是对所有房间的总称，每个房间里居住的是一个基本家庭。有亲缘关系的奥什组成街区和更为复杂而紧凑的街区，由一条尽端式胡同连接至城市道路，这就是城市家庭结构的具体体现。

房屋内部各部分是如何运作的？资料显示，其空间结构与巴勒斯坦社会习俗紧密对应。奥什，就是住宅，是所有房间的总称，字面意义是围起来的场所，且院子处于住宅的中心位置。住宅布局要遵守巴勒斯坦社会的一些分界规则：从自家院子不能看到邻居的院子（甚至禁止在院子里植树以防从树上窥视邻居），除非邻居是盲人否则围墙不能与邻居家的围墙相贴（通常两户围墙至少相距几厘米），任何一家住宅都不能妨碍雨水流向邻居的蓄水池。

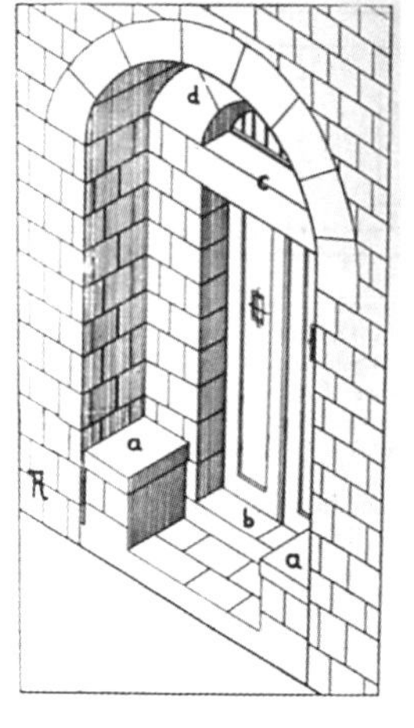

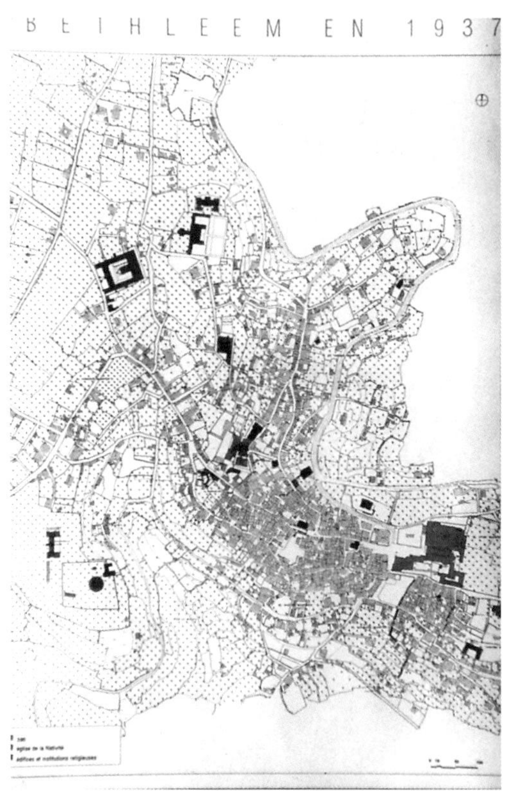

左图：伯利恒的阿拉伯传统空间结构

左：由希腊东正教堂看伯利恒（Bethleem）一角，1991 年。（CWR）

中图：1937 年伯利恒的部分街区，巴勒斯坦测绘局，比例：1: 1 250。（RSW）

右上：19 世纪末建造的 Miguel 府邸的院中走廊（Riwaq），1993 年。（CWR）

右下：巴勒斯坦住宅大门（bâb habà）a. 石凳（maqà'id 或 kbàs）；b. 门槛（dauwàseh）；c. 过梁（satiyeh）；d. 辅拱（qos hammàl），摘自 Toffik 的研究，迦南（Canaan），1933 年。（CA）

12. 凯瑟琳·维尔-罗尚，《巴勒斯坦的住宅及其修复》（*Palestinian houses and their restoration*），“保护我们的建筑遗产”（Safeguarding the structures of our architectural heritage）世界大会论文集，联合国教科文组织 /Icomos，2003：48-58。

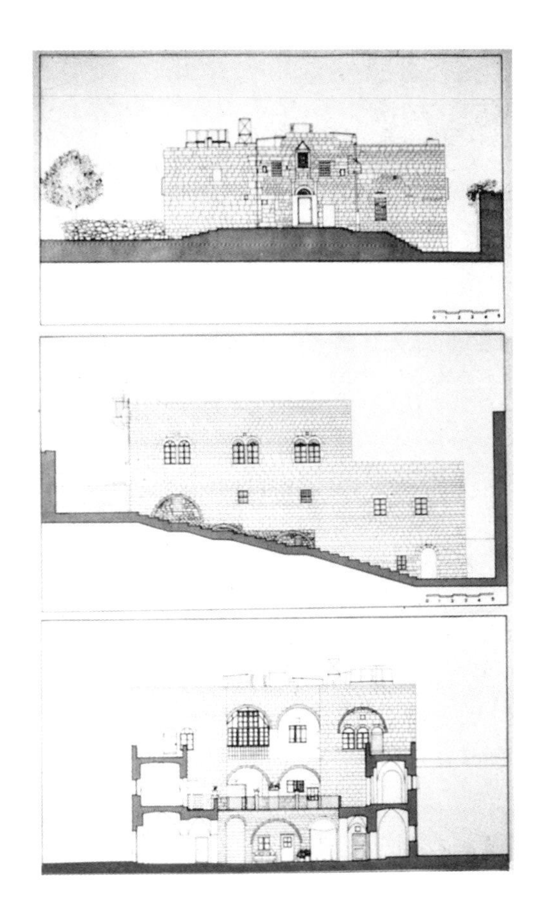

19世纪末 Issa Kattan 府邸剖视图，外墙朝着马路，侧立面正对阶梯小路，比例1:500，1994年绘制。（RSW）

这些住宅布局的规则保护了居民的私密性。同样，社会行为准则中也有类似规定：任何人不能站在自家房顶去窥视邻居。这些也会影响城市的空间组织结构，几户住宅围绕中央院落呈圆形或一字排列，住宅里各房间相互串通，也有助于家庭成员之间的团结。

雅法地图显示了这种尽端式的胡同网络，即阿拉伯穆斯林世界传统和典型的城市结构。在其他一些村庄，如 El-Mas'udiye，也能找到同样的结构形式。

3. 阿拉伯世界的犹太人

自公元前70年出埃及开始，已有一些犹太家庭居住于巴勒斯坦地区，他们所生活的城市建筑结构与阿拉伯人相似，在耶路撒冷或斯法特（Sfat）都如此。雅法那时还没有犹太人，19世纪初才有第一批东方犹太人来此居住。当时巴勒斯坦地区有五六千犹太人，其中一百多户是原籍中东欧的犹太后裔（ashkenazes），大部分是西班牙犹太后裔。阿斯丹（hassidim）犹太人[13]是宗教传统主义者，他们先是住在斯法克斯[14]、提比利亚和希布伦[15]等地，后于19世纪40年代来到耶路撒冷。至1875年，巴勒斯坦的犹太人共约两万，其中一半是中东欧犹太后裔。西班牙犹太后裔讲列托罗马语和阿拉伯语，中东欧犹太后裔讲意第绪语和德语。前者带有东方和伊斯兰文化色彩，后者深受欧洲生活方式的浸淫[16]。这种二分法也将在犹太人的空间组织和建筑中得以体现。

19世纪50年代末，约有65个犹太家庭居住在雅法，其中大部分是西班牙犹太后裔（只有三户是中东欧犹太后裔）[17]。当时的雅法城还有围墙，墙内遍布通往石头住宅的小巷。起初，犹太家庭租用阿拉伯人在雅法城传统小巷里的住宅，其中一幢住宅被君士坦丁堡的一位有影响力的犹太人拉比 Y · 阿基玛（Rabbi Yeshayahu Ajima）买下，用作犹太朝圣者的住所，内院旁边的一个房间辟作犹太会堂[18]。这栋住宅是当时雅法城的第一个公共建筑，被命名为

---

13. 以色列 ben Eliezer Baal shem-Tov 的信奉者。

14. 斯法克斯（Sfax），突尼斯城市，位于地中海西岸。——译者注

15. 希布伦（Hébron），约旦河西岸巴勒斯坦城市。——译者注

16. 柯克与格拉斯（Kark, Glass），*Sephardi Entrepreneurs in Erezt Israel-The Amzalak Family*，1991：19。

17. 同上：114。

18. 犹太会堂（synagogue），依耶路撒冷神殿想象图为原本而建，宜朝向耶路撒冷，并无统一样式，由事务主席和"拉比"主持。一般由一个主要的祈祷房间和另外几个比较小的研究和学习犹太教《圣经》的房间组成，内有圣约柜、诵读摩西五经的台子、常明的七烛台等，但不许有偶像和画像。犹太会堂不仅用于祈祷，还常用于公共活动和教育，意第绪语称其为"shul"，即源自德语"学校"一词。——译者注

19. Yoav Reguev，《犹太庭院》（*Hatzar Ha-yehudim*），引自 Zeev Aner，《住宅往事》（*House Stories*），171-172 页（希伯来语）。

20. 马格里布（Maghreb），阿拉伯语意为“日落之地”，指非洲西北部的一片地域，也曾包括穆斯林统治时的西班牙部分地区，受地中海和阿拉伯双重文明影响。——译者注

21. 两者有两个差别。第一个差别是住宅入口：阿拉伯住宅入口是曲折的通道，犹太住宅入口则是笔直的通道。第二，犹太人的居所一般都有阳台，而阿拉伯住宅从不设阳台，而是在外墙安装遮阳格栅。在犹太人居住的公共房屋里，阳台是必需品，便于犹太人观看苏考特节（Soucoth）的仪式。苏考特节为期一周，阳台上象征性地覆盖着帷幔和棕榈叶，代表沙漠中的帐篷。

22. 柯克与格拉斯（Kark,Glass），1991：133-134。

23. 这关系到特拉维夫的城建发展史，空间格局也因此转变。近期，经由 Elizabeth Antebi 或 Nicole Abravanel 的努力，这些事实逐渐为人所知。Elizabeth Antebi 著《宫殿之主》（*L'homme du serail*），尼罗河出版社，1996 年。Nicole Abravanel，《经历与感知：西班牙犹太后裔受欧洲影响的空间文化》（*Espace parcouru, espace percu, les Juifs séfarades, une culture à l'épreuve de l'espace européen*），见 Pierre Vaydat，《难以置信的欧洲》（*L'Europe improbable*），法国里尔第三大学科学委员会：157-174。

左图：19 世纪末伯利恒的住宅（CWR，1996）

右上：伯利恒保护中心的外墙细部

右下：Girius Kattan 住宅的窗洞和洗手池（1875）

下图：雅法城内小巷，右侧入口连接原“犹太庭院”（CWR，1998）

“犹太庭院”（Cour juive）[19]。西班牙犹太后裔对雅法城的传统空间并不陌生，他们曾经在摩洛哥、阿尔及利亚、突尼斯等马格里布[20]国家住过类似的住宅。在摩洛哥，犹太人与阿拉伯人一样，穷人住破房子，富人住豪宅[21]。

从 1863 年起，雅法城开始形成犹太街区。犹太教士耶胡达·哈勒维（Yehuda Halevi）成立雅法城第一个公共委员会 Va'ad Ha'ir Yafo，首个举措就是建立以色列全球联盟分支[22]，这也与法国文化相关。巴勒斯坦的西班牙犹太后裔有时被称为奥斯曼犹太人，他们与法国的联系、与阿拉伯文化的亲缘并未在特拉维夫的史书中述及[23]。这影响了特拉维夫的城市建设进程，更关系到地理历史。城市正在建设成型，大多数的土地正是借助该委员会购置的。

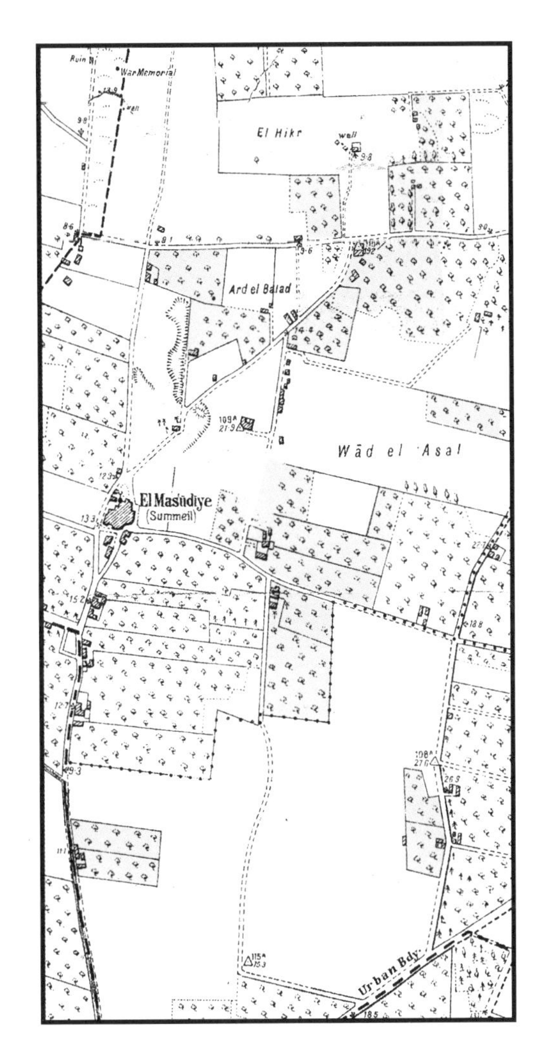

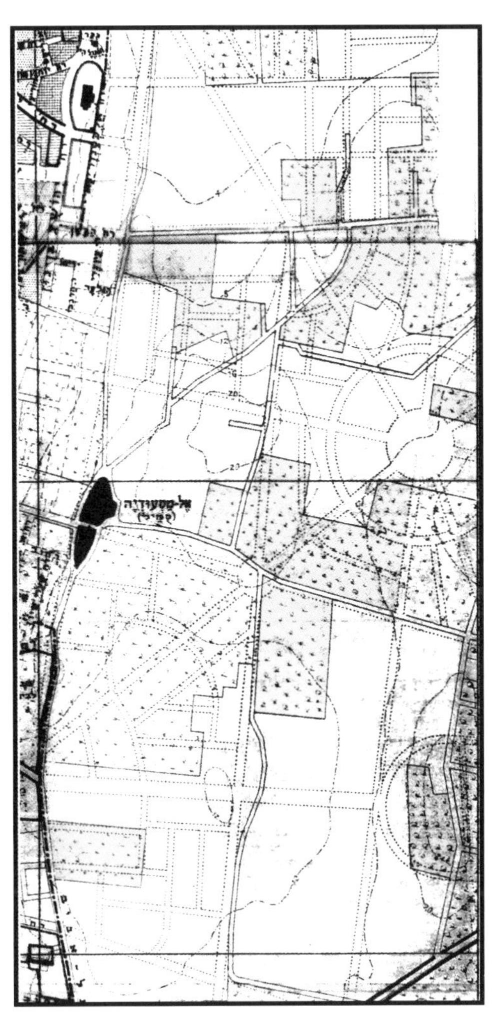

从图纸和航拍照片可以看到，20世纪初雅法老城围墙内的街区，之后就在其近郊建造首批犹太住宅，并在此基础上发展成为散布在沙地与种植园之间的早期特拉维夫。■

土地与边界
左图：1930年特拉维夫东部的耕种地（来源：1930年记录图局部，HUC）

右图：1934年Hamedina广场规划图（来源：A.Y.布拉沃图纸局部，BR）

四、早期街区

下页：雅法与特拉维夫周边，根据英国皇家空军的航拍照片绘制，巴勒斯坦测绘局，雅法，1925 年 6 月绘制，1927 年 9 月由埃及测绘局发布，比例 1:7 500。（HUC）

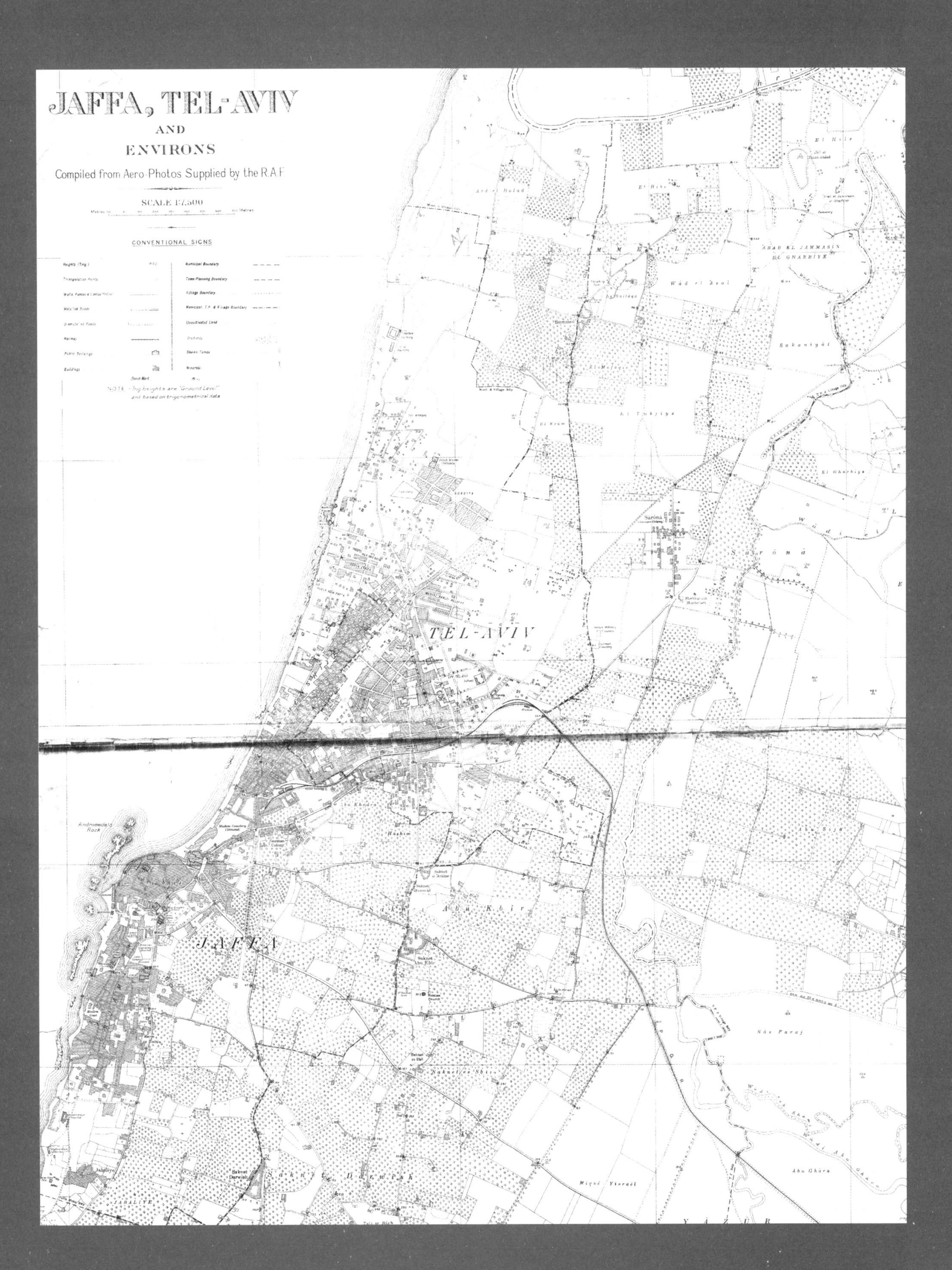
JAFFA, TEL-AVIV
AND
ENVIRONS
Compiled from Aero-Photos Supplied by the R.A.F.
SCALE 1:7,500
Metres
Metres
CONVENTIONAL SIGNS
Heights (Trig.)
Triangulation Points
Walls, Fences & Cactus Hedges
Metalled Roads
Unmetalled Roads
Railway
Public Buildings
Buildings
Municipal Boundary
Town Planning Boundary
Village Boundary
Municipal, T.P. & Village Boundary
Uncultivated Land
Orchards
Sheikh Tombs
Minarets
Bench Mark
NOTE – Trig heights are "Ground Level" and based on trigonometrical data
TEL-AVIV
JAFFA
Andromeda's Rock
Sarona
Summeil
Saknet Abu Kbir
Sakn et Abu Kbir
Saknet Darwish
Sakn et Darwish
Jabaliye
JABALIYE
El Khadra
Hashim
Sakn el Sbil
Ard el Balad
El Tabjiya
Sakaniyat
El Gharbiye
Sarona
Abu Sija
Ras Faraj
Abu Ghara
Miqve Ysrael
YAZUR
ARAB EL JAMMASIN EL GHARBIYE
Wad el Asal
German Colony
El Krum
El Hile

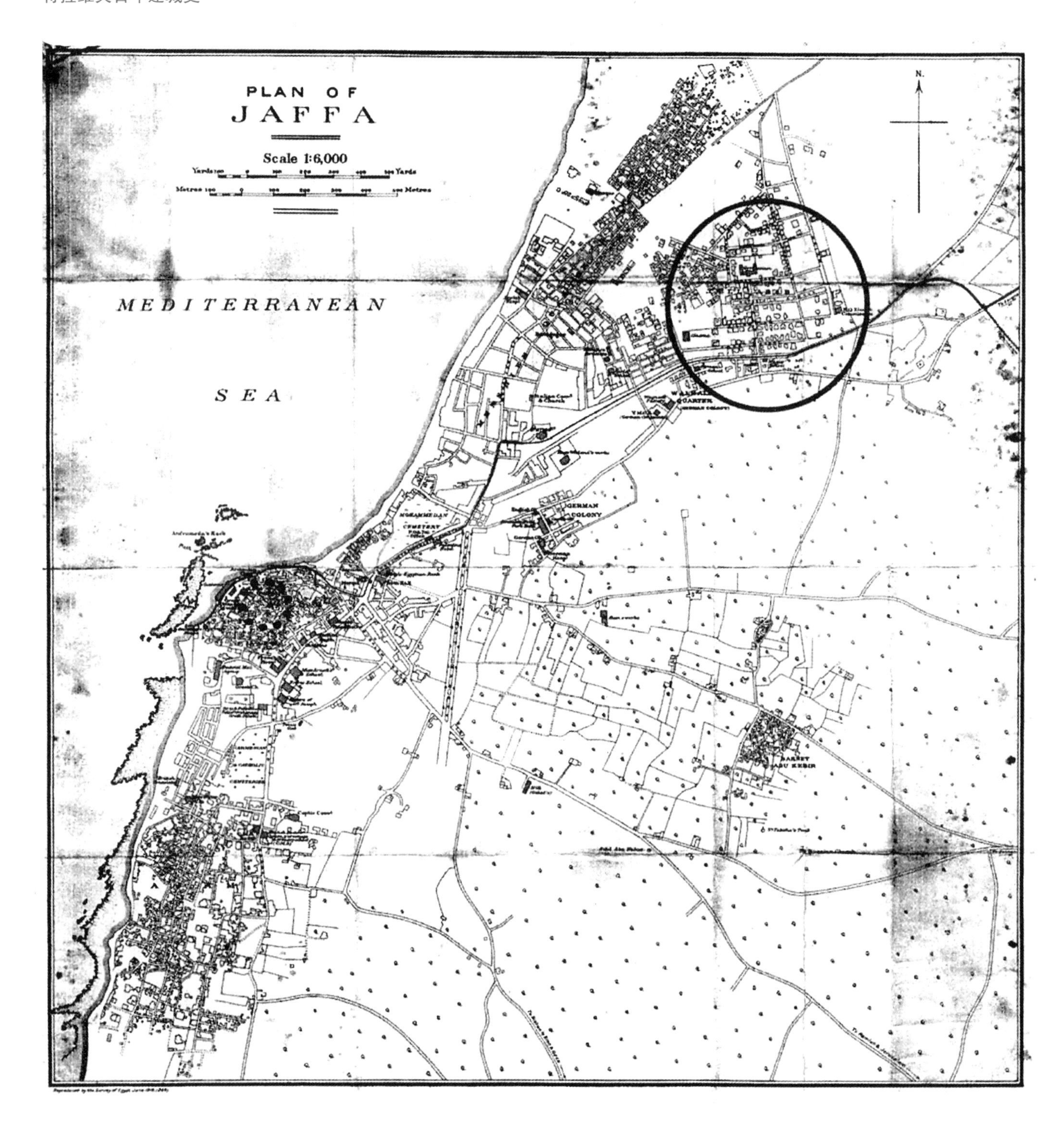

雅法地图局部，埃及测绘局，
1918年6月，比例1:6 000。(SI)

四、早期街区

法国及其联军在克里米亚（Crimée）战争中干预战事，帮助土耳其。战后，作为回报，苏丹自1860年开始允许欧洲传教士来到圣地，城市在这一平静期得以开放和发展。雅法、伯利恒和耶路撒冷的大多数宗教机构，如修道院、教堂、学校和孤儿院，都在此时期间创建。因为市中心密度太大，难以容纳大型建筑，这些机构一般离市中心较远，逐渐形成城市四周的街区，富裕家庭也在附近造宅安家，城市因而得以拓展。

老城区外围出现新街区的同时，农村也出现了新型农庄，它们是基督教和犹太社会的杰作。基督教徒想通过在圣地的存在弥补他们的罪孽，为此已经等了千年。犹太人祈祷救主弥赛亚[1]现身，成为全体人民的精神中心。这些新型农庄随之给巴勒斯坦带来一种前所未有的特殊模式，当时有一个专门名词谓之“农业移民”（colonie）。赎罪理念和特别的空间形式是新型农庄的两大特点，我们可以称其为“赎罪式城市化”（urbanisme de rédemption）。

在19世纪末，这种移民方式很常见，并不带有负面的殖民色彩。来自德国、美国、俄罗斯和希腊的移民还在海法、雅法、伯利恒和耶路撒冷的老城附近创建自己的街区。及至20世纪初，一个全新的犹太城市将在雅法附近崛起，这一次不是外来植入，而是平地创建全新的城市模式，并以切实的社会计划为基础。

1. 弥赛亚（Messie），犹太教里的救世主，也称受傅者或受膏者，与基督教里的耶稣有区别。——译者注

1. 雅法的拓张

雅法的城墙于1874年拆除，从此视野开阔：向北通往大海和纳布卢斯，往东南方向是耶路撒冷，南部连接加沙地带。那里有各国领馆、教堂和学校，是各个国家慈善或宗教机构的所在地。法国人似乎偏爱南部，圣约瑟夫男子学校、女子学校和法国医院都集中于通往加沙的要道路口。

德国人喜欢落户东部，他们的医院和教堂位于两条道路之间，一条通往萨拉米村，一条通往纳布卢斯。英国人则两个方向都有，他们在东边建教堂、南边设领事馆。

农耕地向东一直延伸到Musrara河边，来自埃及的农民在此种植葡萄和柠檬，他们的农耕地绕着老城呈扇形分布，南侧是大海，东北是纳布卢斯公路。公路和大海之间的沙丘上还有葡萄园，其他果园则围着苏美村。道路蜿蜒遍布，往西可道达海边的Cheikh Abd en Neby墓地，西南部的雅法公路向南连接克比尔村，还有一条路向东北通往Jerishe和“拿破仑山”（colline de Napoléon）。

1918年的地图上能看到雅法老城周围的宗教和卫生机构。图上绘有两个沿种植园的发展方向，南边是Adjami，向北在修道院和意大利教堂的更远处是犹太人和阿拉伯街区——曼什（Manshieh）和Tell Abib。曼什是混合街区，原址是犹太医院，Tell Abib是其中一个犹太街区。

德国圣殿骑士团骑士（Templiers）带来的城市与建筑风格成为这里的范本[2]，这些宗教先锋要在这片圣地上构建基督教社会。与《圣经》不同，德国的宗教仪式过于繁缛，他们在此发现了一种超越国界的方式。在巴勒斯坦，人们的生活方式已经固定，以家庭为基础、用心服务街区、以社会为尊。委员会开始在德国接受移民申请[3]并同时购置土地，1869年在海法建立了第一个殖民地，同年在雅法也建立起殖民地，该地先前还有美国人的建筑。最后，他们决定在雅法城附近创建一个农业移民地，仍由委员会购买土地，一些卖主是希腊隐修院，一些则是邻村萨拉米的阿拉伯人。这块位于萨隆纳平原的土地面积达60公顷，距雅法城东北仅一小时步行路程。小组成员、建筑师西奥多·山德尔（Theodore Sandel）绘制了移民地的图纸。

多年之后，山德尔完成了对该地区的记录（参见第44页1878年的地图）。这张地图展示了雅法城周边很有意思的景象，包括小村、农庄和水井。图上可以看清耕种地和沙地，也能看出各条公路的全貌，弥足珍贵。道路径直朝雅法城汇聚，三条主要道路十分明显，第一条大路通往纳布卢斯（现在以色列人称之为“Shechem”），第二条通往耶路撒冷，第三条通往加沙地带。殖民地位于两条大路形成的三角地里，西边的路沿着Musrara小溪，与大海平行，东边是纳布卢斯公路。二十多块耕地由两条垂直的马路连接着，就像一个巨大的十字架，非常显眼。

该殖民地的社会结构和规划基本就是从西方引进的。殖民地航空照片与该处原始村庄的空间布局有一定相似性，就像他们的故乡Kirschenhardthof，这种“村庄—马路”的模式在欧洲非常常见。萨隆纳的房屋在南北轴向上更为密集，这些房屋沿着两条道路分布，相距仅数米。道路交叉处的地块用于公共建筑，后来在这里修建了学校和第一个街区中心。房屋前的花园已经在19世纪末的照片中频繁出现，旁边的沙土路上桑槐成荫——两侧的桉树是为了使沼泽地变干。

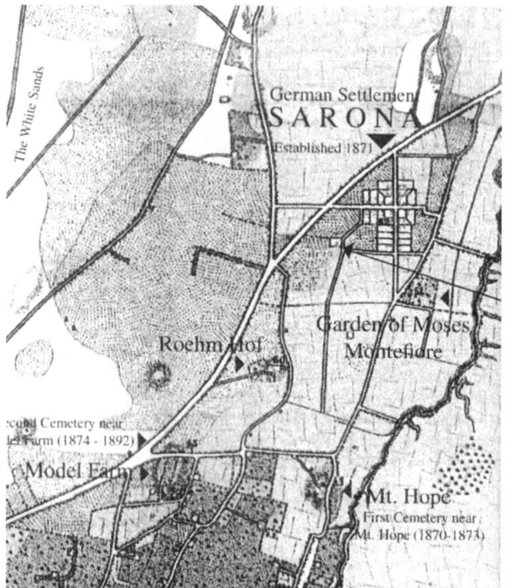

上图：雅法城（第55页地图的局部放大）

中图：雅法城东北萨隆纳的德国圣殿骑士团殖民地图，雅法城周边地图局部，1878—1879年，西奥多·山德尔，莱比锡，比例1:31 800。（HUC）

下图：特拉维夫的第一个犹太街区巴依特，灵感来自萨隆纳。（P）

2.19世纪中期由Wuerttemberg王国新教徒克里斯多夫·霍夫曼（Christophe Hoffman）开创的宗教运动。1861年，这名精神领袖和60名门徒在德国斯图加特附近的Kirschenhardthof村开会，决定脱离Wuerttemberg官方教堂，组建圣殿骑士团。

3.Helmut Glenk，《从沙子到橘子：德国圣殿骑士团在巴勒斯坦萨隆纳定居的故事（1871—1947年）》（*The History of the German Templers Settlement of Sarona in Palestine 1871-1947*），特拉福德（Trafford）出版社，2005：2。

雅法城北部首批街区的特征是瓦顶，1983 年摄。（P）

房屋后面的菜园里种有生菜、卷心菜、洋葱、萝卜和甜瓜，果园里有柠檬树、杏子树、巴坦杏树、桃树、胡桃树、枣树、橄榄树和橘子树，斜坡屋顶上铺红瓦，给萨隆纳平原带来些许欧式风尚。划分小地块的方式令人想起圣殿骑士团两年前在巴勒斯坦海法城建造的第一个移民地。雅各布·舒马赫（Jacob Schumacher）绘制的第一份图纸显示，与萨隆纳不同，只有一条主要道路形成的主轴。这是一条真正的林荫人道，宽 30 米，两边植树，从迦密山山脚一直到大海[4]。

曼什阿拉伯街区在城市的东北部的海滨，呈长梯形网格状分布，从穆斯林公墓延伸而来，离清真寺很近。这个街区也住着犹太人，家境富裕的大家族还在那里建造新宅邸，如舍罗社（Chelouche）家族和莫瓦亚（Moyal）家族。他们的豪邸与阿拉伯富人的豪宅如出一辙：外立面不开敞，所有房间围绕内院。那时阿拉伯人或犹太人的住宅也并非都有内院，有时会用一个功能相似的有顶中庭替代。中庭主宰着所有的房间，具有多种功能，也是全家人接待和聚会的场所。在曼什，昂扎拉可（Amzalak）住宅的整体空间结构与阿拉伯街区的奥什相仿。前者的裙房由本·兹永·昂扎拉可（Ben Zion Amzalak）家庭居住，后者由海姆·昂扎拉可（Haim Amzalak）家庭居住，剩下的出租给犹太人和阿拉伯人，沿马路是商店[5]。

4. 参阅第 28 页照片，吉尔伯特·赫伯特（Gilbert Herbert）和席尔维纳·索斯诺夫斯基（Silvina Sosnovsky） 著，《迦密山的包豪斯与帝国的十字路口》（*Bauhaus on the Carmel and the Crossroads of Empire*），Yad Izhak Ben-Zvi，1993：23-27。

5. 柯克与格拉斯（Kark，Glass），1991：163。不可否认，西班牙犹太后裔与巴勒斯坦阿拉伯人的住宅结构有相似之处。雅法城阿隆·舍罗社（Aaron Chelouche）的住宅就在犹太庭院附近，其描述可见端倪。19 世纪下半叶，从城市结构到房间布局和细部，比如房间内床铺的摆放方式，两者的居住方式都几乎相同。

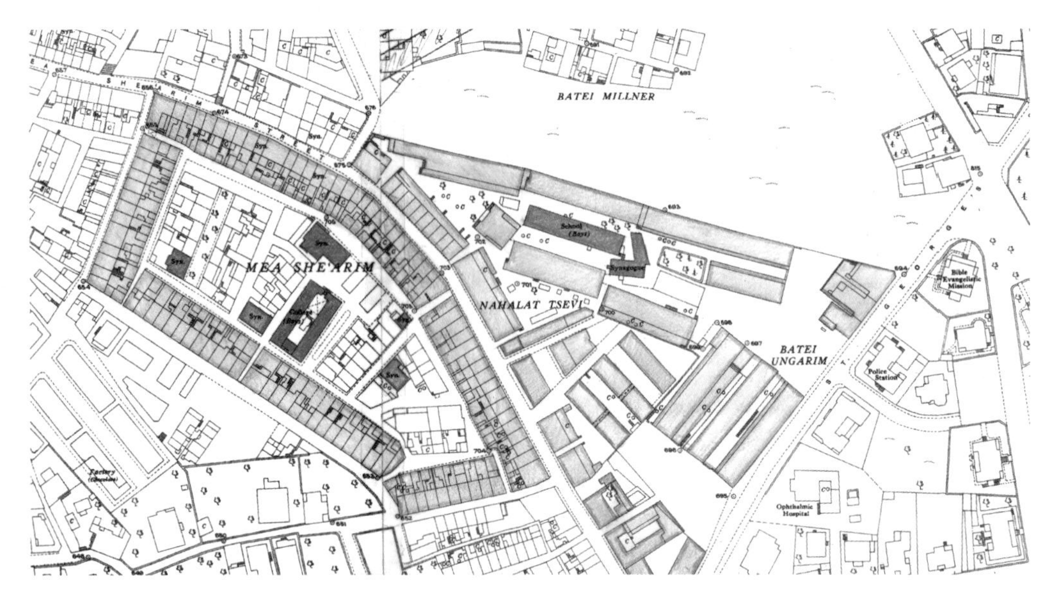

上图：耶路撒冷东正教犹太人的居住空间：19 世纪 60 年代起建造的 Mea Shearim、Nahalat Tsevi、Batei Ungarim 等街区的分幅图纸。巴勒斯坦测绘局，1936 年摘录，1938 年公布，比例 1:1 250。（HUC）

下图：1930 年雅法城（远景）和特拉维夫（近景）的全景图，面向西南方。

2. 犹太街区

圣殿骑士团殖民地的现代化引人欣羡。尤其是犹太新移民，他们从中汲取灵感，设计出特拉维夫未来的街区。在此期间，耶路撒冷城墙外建造了首批犹太街区。在雅法，由慈善家（mécène）[6] 资助的犹太街区也在德国街区和阿拉伯街区之间建成。

耶路撒冷的犹太街区

19 世纪下半叶的开放时期很多城墙外的新街区得以建造，供来自欧洲的犹太移民居住[7]。至 19 世纪末，巴勒斯坦已经有十多个类似街区。

在耶路撒冷，每个街区都由私营企业建造，并由慈善家资助。街区最早由独立住宅

6. 慈善家 mécène，原意指文学或艺术事业的资助者。——译者注

7. 阿尔伯特·隆德尔（Albert Londres）在《漂泊的犹太人来了》（*Le Juif errant est arrivé*）一书中描述了这些令人心碎的境遇，羽蛇出版社（Le Serpent à Plumes），1998 年（1930 年首版）。

MULTI-FAMILY DWELLINGS OF THE "CHALUKA" IN JERUSALEM
A CHAPTER FROM HISTORY
A. Cherniak

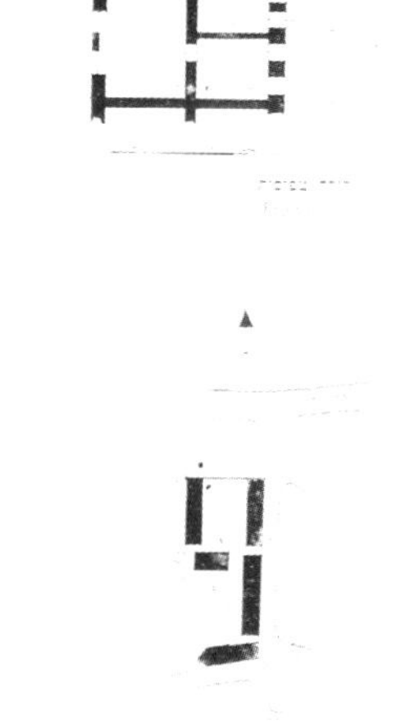

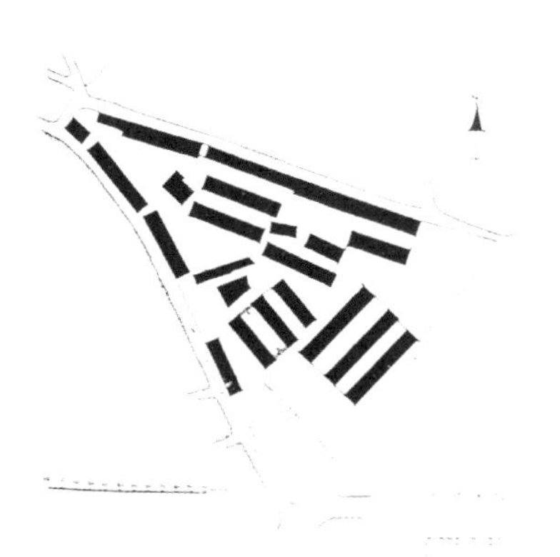

左图：耶路撒冷查卢卡（Chaluka）的公共住房，A. Cherniak图析，1937年。(HB)。查卢卡字面意思为“（资金）分配”，是海外犹太人资助定居以色列的犹太人的一种援助体系。耶路撒冷犹太街区很有象征意义，锡安主义新移民希望克服依赖和厚古主义。

右图：Batei Ungarim街区的公共住房，1995.（CWR）

组成，随后四周就会出现成排的住宅。比如，1874年建成的著名的Mea Shearim街区（又称“百门”），当时共住了360户、约3 500人。不久，独立住宅群旁边就拓建了长条公共住房，就像隔壁建造于1891年的Batei Ungarim街区。每户公共住房的公寓外面都建有阳台，街区内的住房都环绕着中央庭院，那里有宗教学校或犹太会堂等公共建筑。街区生活实行自治，土地都是自有产权，空间格局和装饰纹样则遵从移民们带来的风格。从空间结构的角度来看，犹太街区与阿拉伯街区的差别非常明显。但在那个时代，两种建筑还是有类似之处的。

犹太宗教生活的主要规则之一——沙巴[8]也影响着街区的布局。从周五傍晚夜晚来临之前一小时直到周六傍晚，犹太方济各会修

8. 沙巴（le repos du shabbat），犹太人的一种祷告和聚餐仪式，参加者多为家人，有时也邀请好友参加。——译者注

士（observant）在落日之后不上班、不做饭，来去只靠步行，但一定会去犹太会堂。此外，正统的修士还会到城外徒步走路（proscrit）1 120米以上。这些规则界定了街区的社会生活。每周五晚上，在箫法[9]的召集下[10]，沙巴“降临”（tombe）在耶路撒冷。以耶路撒冷城内哭墙（mur des Lamentations）周围的犹太街区为起点，沙巴声一点点蔓延出去，唯有鸟鸣，更显其幽静，直至今日都是这样。马路上只有步行者，简直让汽车里的人产生负罪感。

街区的生活规则及其所界定的空间成为传统犹太社会的核心。同时期来到巴勒斯坦定居的基督教街区与犹太街区不同，他们没有沙巴的习俗。

移民农庄

1880年初，全球以色列联盟的犹太先驱者们建立移民农庄，主要是在加利利（Galilée）[11]和犹岱（Judée），由艾德蒙·德·罗斯柴尔德（Edmond de Rothschild）男爵资助[12]，建筑风格极为相似。

今天还可以看到这些移民农庄，如Zichron Yaacov或Rosh Pina。它们的空间结构与圣殿骑士团移民地类似：一条林荫马路为轴线，两侧排列石头住宅，屋顶铺瓦，周围有花园，地块以矮墙为界。就像在萨隆纳平原一样，住宅后面有农田和菜园。Rosh Pina位于提比利亚湖西北斜坡上，其道路很特别。两旁的住宅用地垂直于道路，拐角处建造公

9. 箫法（shofar），古时用羊角制成的乐器，专用于某些宗教仪式。——译者注

10. 现在一般使用鸣音器发声，只有犹太新年祷告和犹太赎罪日结束时会使用箫法（shofar）。

11. 加利利（Galilée），巴勒斯坦北部地区，史学家认为耶稣生于加利利的拿撒勒。——译者注

12. 伊丽莎白·安特碧（Elizabeth Anteby），《艾德蒙·德·罗斯柴尔德：圣地的赎回者》（*Edmond de Rothschild: L'homme qui racheta la Terre sainte*），罗氏出版社（Rocher），2003年。还有其他犹太富商大人物如英国蒙特菲奥（Montefiore）男爵、德国赫尔什（Hirsch）男爵也资助了巴勒斯坦及其他国家的此类移民地的建设。

黑廷（Hettin）移民农庄，建筑师理查德·考夫曼（Richard Kauffmann）规划，1914年。（PLDC）

上图：1898 年建成的 Rosh Pina 移民地的地图和实景。（SH）

下图：在以色列米克赫夫（Mikhev）采摘橘子。（JBK）

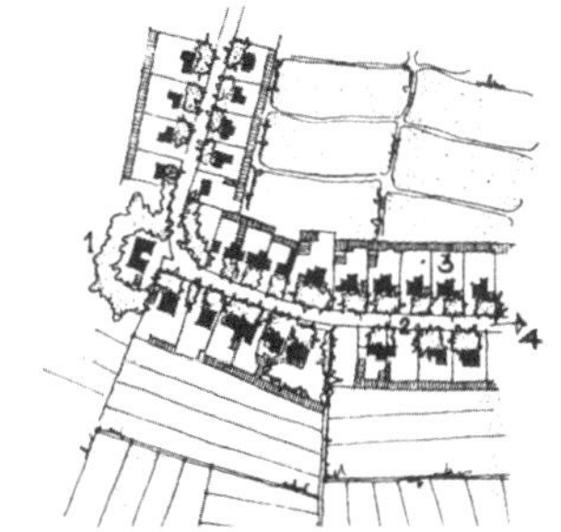

共建筑，地面平坦处也会有交叉路，像在萨隆纳和 Zichron Yaacov 一样。

犹太人创建并居住在移民农庄，但这并不是锡安主义的国家计划。赫尔什（Hirsch）男爵等犹太大富豪在巴勒斯坦之外还资助了巴西和阿根廷的移民地，移民受到慈善家的广泛支持，“……犹太人离开资产阶级和反犹国家……”[13]。当时还处于 Ahad Aham 所宣扬的“精神”锡安主义时期[14]，这位领导人原籍俄罗斯，赞成犹太人进行民族救赎，强调传统价值观的教育，但距离建立犹太国家还很遥远。当时只是将目光投向巴勒斯坦，希望能在那里拓耕几小块土地。

13.Robert Misrahi，《锡安主义，新犹太国的创建和保卫》（*Sionisme. Création et défense d'un nouvel État Juif*），《大百科全书》第 14 卷，1978：1057。

14.Ahad Ah'am（原名 Asher Hirsch Ginsberg，1856—1927），领导了“爱锡安”（Hibbat Zion）运动，该运动处于锡安主义两个阶段之间的过渡时期。第一阶段是 19 世纪中期的初始阶段，第二阶段是 1897 年开始形成的政治运动。

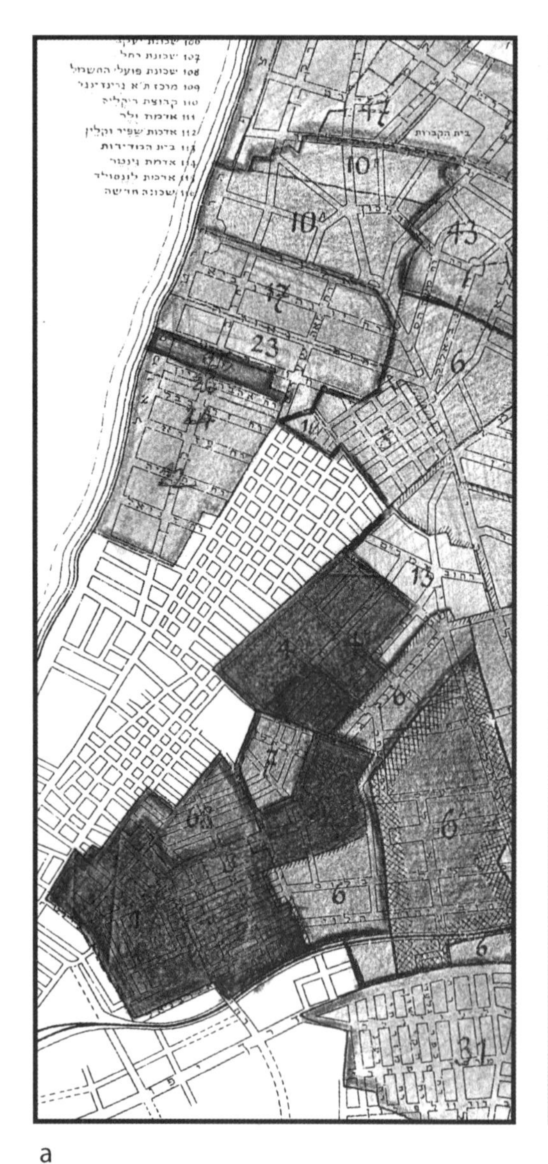

a

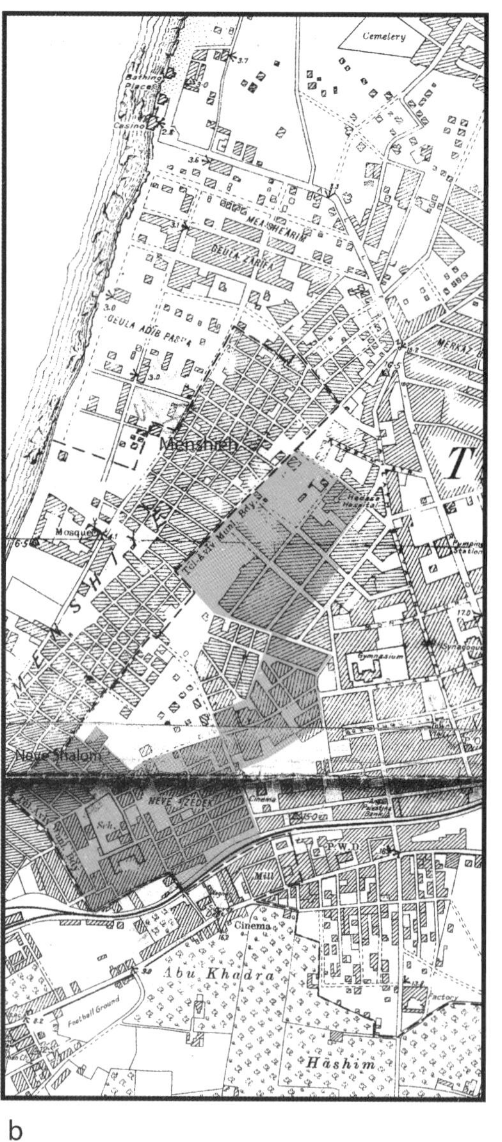

b

1907—1908 年购买土地和农耕地的运动。
a. 已获土地（来源：BR）；
b. 对应街区，1925 年统计。（来源：HUC）

对罗斯柴尔德男爵的企业来说，当时的主要目的就是为居住在圣城传统犹太街区的穷困犹太人提供更多选择。人们的心灵总是向往圣城耶路撒冷，而非回到泥泞的小路上。

雅法城的首批犹太街区

雅法城的东方犹太人中有些人的生活比较富足，他们也努力提供帮助，在城墙外为同教中人创建首批犹太街区。1850 年末约有 65 个犹太家庭居住在雅法城，其中大部分是西班牙犹太后裔（只有三户是中东欧犹太后裔）[15]。城市当时还有城墙，墙脚下的小巷里建有石头住房，传统的犹太家庭就住在这里。

1880—1890 年间共有 5 万犹太人来到巴勒斯坦[16]。这是首批阿里亚（aliya）移民，25 000 人从此定居雅法城，遍布全城。一些大家族嫌城内拥堵，搬到城外重建新宅，由此也改变了城市空间格局，比如 1887 年阿隆 · 舍罗社（Aaron Chelouche）建立的第一个街区——泽戴克[17]。

当时，舍罗社与海姆 · 昂扎拉可（Haim

15. 柯克与格拉斯（Kark, Glass），1991：114。

16. 柯克与格拉斯（Kark, Glass），1991：128-129。

17. 之后建立的街区有 1890 年的 Neve Shalom、1896 年的 Mahane Yehuda、1897 年的 Yeffe Nof，以及 1900 年的 Achuza。参见柯克与格拉斯（Kark, Glass），1991：118。

纳布卢斯住宅二楼沿街立面细部，1999 年摄。（CWR）

Amzalak）和约瑟 · 莫瓦亚（Joseph Moyal）两位合伙人在雅法城附近拥有一块土地，算是“有争议的土地”，雅法城的一位基督教徒坦努斯 · 纳塞尔（Tanuss Nassar）也声称拥有该地产权。这些“西班牙犹太后裔企业家”[18] 选择在那里建房主要出于两个原因，一是为了确保所有权，二是为了参加以色列土地赎回。早先从雅法的一位阿拉伯人手里收购葡萄园和水井的时候，阿隆 · 舍罗社就有这种想法。1890 年这块土地被用来建造另一个犹太街区沙龙（Neve Shalom）[19]。这些土地购置的最后结果就是逐步形成了犹太街区。当然，与一般文献记载的不同，当时他们并未预料到最终能建成一个全新的城市——特拉维夫。

这些街区是在相对平静的时期建造的，但并未形成内部空间模式。这些街区从一开始并没有“规划建造”，每块土地都是分块出售的，也就放弃了正统派犹太街区固有的居住模式，不再有中央庭院，而是让房屋直接面向道路。街区的界线是小路上的栅栏，路边是成排的房屋，中央庭院变成路边由矮墙隔开的一个个窄小的庭院。

住宅的排列方式变了，但住宅本身却没有变，还是石头建造和瓦顶，和在 Mea Shearim 或 Rosh Pina 看到的一样。大部分的住宅可能都是由亚伯拉罕 · 舍罗社（Abraham Chelouche）的儿子约瑟 · 埃利亚胡 · 舍罗社（Yoseph Eliyahu Chelouche）设计的。据回忆，他非常仰慕当时雅法城里唯一的建筑师柯卡士（Kerkash），还有本事买到建筑材料——铺地、柱桩、栏杆、楼梯、管道等。他到处追随柯卡士，开始画设计草图，积累了很多经验，也渐渐意识到自身的潜力，“……开始每天都设计图纸，并反复调整修改各个细节……”[20]

中低端住宅中有两处住宅值得注意，一处是约瑟·埃利亚胡·舍罗社的，另一处是 S. 洛卡什（Shimon Rokach）的，前者由柯卡士设计[21]，后者由一名奥地利建筑师建造[22]。舍罗社宅与当时纳布卢斯或雅法城阿拉伯富人的

18. 据 Ruth Kark 所述。

19. 柯克与格拉斯（Kark, Glass），1991：118-119。

20. 约瑟 · 埃利亚胡 · 舍罗社，《我的生活故事》（*The story of my life*），1931：87-95。

21. 同上：95-97。

22. Yoav Regev，《洛卡什宅——泽戴克的首栋住宅》（*Beit Rokach- The First House of Neve Tzedek*），引自 Aner Zeev，《住宅历史》（*Sipurei Batim*），特拉维夫：Mod 出版社，1988：170-172（希伯来语）。

泽戴克的住宅底楼沿街立面细部，1995年摄。（CWR）

豪宅差不多，中央大厅铺着豪华的石材，三个尖拱高窗用来采光[23]。洛卡什宅却是另一种类型，建筑师的欧洲背景使其“……与该街区的其他住宅都不一样”[24]。这两处住宅当时是多种社会生活的活动中心，西班牙犹太后裔社区与中东欧犹太后裔社区都是在这种地方进行公共活动。除了两所学校以外，实际上在泽戴克街区也只有这两所住宅能算是公共建筑。

像雅法城的其他犹太街区一样，该街区在社会关系和空间层面上与母城的联系都很紧密。与德国移民地不同的是，泽戴克的犹太街区是逐步建成的。土地按照需要被分割成小块，确定其大小、界线和产权。由于密度太高，中低端住宅、狭窄的马路也随之出现。

由此，多元化的移民街区将不同的空间形式引入了巴勒斯坦。有些移民街区带来了完整的模式，如圣殿骑士团和传统犹太人；有些移民街区则创建了全新的模式，如雅法城的西班牙犹太后裔。19世纪末，这些新型城市空间对雅法城社会政治生活并无影响，街区事务通常是在重要人物家里商议，就像阿拉伯人一样，无论城里乡下，司法和世俗事务都在Hara的首领Mukhtar家里解决，仍然很少有公共建筑和公共空间。犹太人的居

23. 该住宅与黎巴嫩住宅类似，起源于威尼斯。至今还在，可以参观。Robert Saliba著，《移民地风光和外省折衷主义》（*Paysage colonial et éclectisme provincial*）。《贝鲁特住宅的形成（1840—1940年）》（*La formation du Beyrouth résidential, 1840-1940*），博士论文，法国巴黎第八大学，2004年6月（Stéphane Yerasimos指导）。

24. Y. 内盖夫（Yoav Regev），1988。

20 世纪 20 年代的特拉维夫移民房屋。（S）

住空间结构与传统的阿拉伯城镇不同，但两者的社会结构却相去不远。

在雅法城、加利利平原和提比利亚湖附近，各种不同的生活方式共存。犹太移民农庄其实就是从事土地耕作的街区，他们有时会雇佣周边村庄的阿拉伯人，即使移民的生活方式与阿拉伯人不同，也没有什么尴尬之处，私有产权、独栋住宅、家庭结构、妇女长裙与巴勒斯坦乡村的传统生活并不矛盾。年轻的俄罗斯先驱者们的到来，使这里的空间和社会关系变得丰富了。

3. 特拉维夫的雏形
（巴依特，1908 年）

政治锡安主义于 19 世纪下半叶形成，与其他形式的民族主义基本同期。在巴勒斯坦，土地赎买让位于领土征服。领土征服有两种互不相同但相辅相成的组织形式：基布兹和城市的犹太“拓张”（extension）。基布兹与 19 世纪末的犹太农庄完全不同，由耶路撒冷的锡安主义组织技术局统一进行设计、总工程师雅各布 · 雷瑟（Jacob Reiser）负责。

上图：20 世纪 10 年代在雅法城北部沙丘上建房。（CZA）

下图：1909 年的巴依特图，中心是赫茨尔路，沿路往北是赫茨尔高中，横向的是罗斯柴尔德林荫大道的公园（今天的特拉维夫法国研究院就位于十字路口西北角的大楼），南部是从雅法到耶路撒冷的铁路和从雅法到纳布卢斯的公路。（S）

随着以色列农业合作形式基布兹的发展，现代化的集体主义组织进入了巴勒斯坦地区。同时进入的还有全新的生活方式，独栋住宅让位于集合住宅，各种生活方式混合，女先驱者们的皮肤晒成了古铜色，长发飘扬，有时只穿运动短裤就出门了。在乡下，犹太人和阿拉伯人的村庄相距甚远，两种完全不同的生活方式相异又共存。

据史书记载，虽然最初的建设重心是基布兹，但实际上基布兹与老城外的犹太街区是同步兴建的。这些犹太街区形成了以色列耶路撒冷、海法、提比利亚（Tibériade）、雅法等城市的犹太城区，按照 1948 年后的常用语称其为“混合”（mixtes）城区，特拉维夫就是其中之一。这些城区在组建犹太国家的过程中发挥了重要作用，这就是现代以色列的雏形。在上述街区中，特拉维夫的起步区巴依特街区显得至关重要，它是唯一一个完全脱离母城的自治街区，也使特拉维夫成为现代世界的第一座犹太城市。

雅法城的 60 个犹太家庭于 1908 年创建了巴依特街区委员会，该委员会在次年购买了城东北两公里处 85 000 平方米的沙地。因周边的阿拉伯人拖延，委员会花了一年时间用于产权谈判、获得购地审批。同时，大

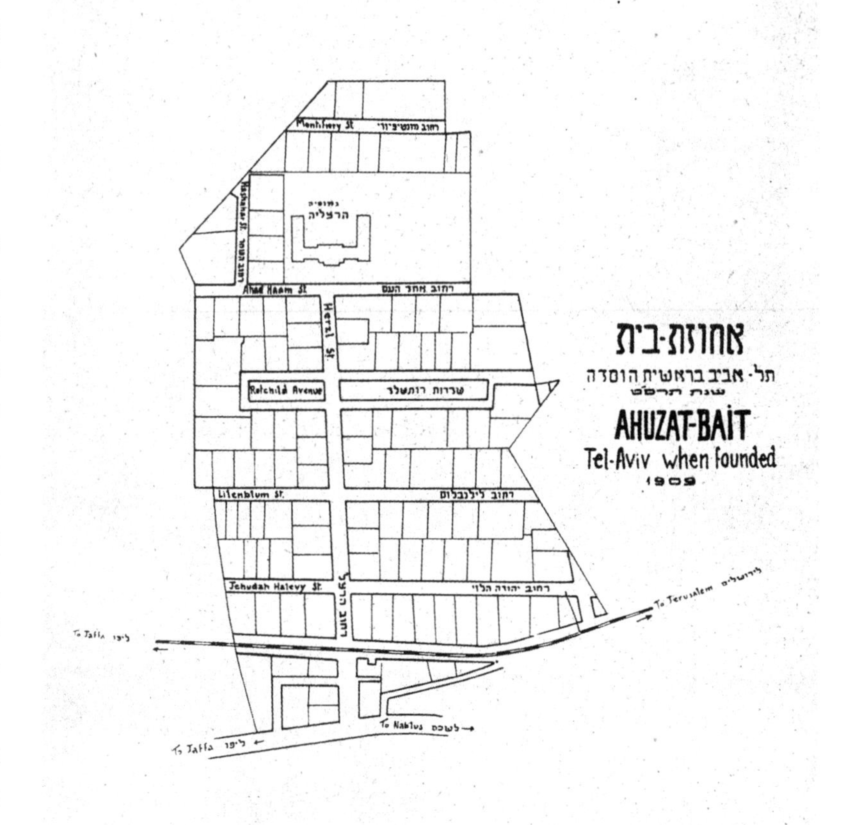

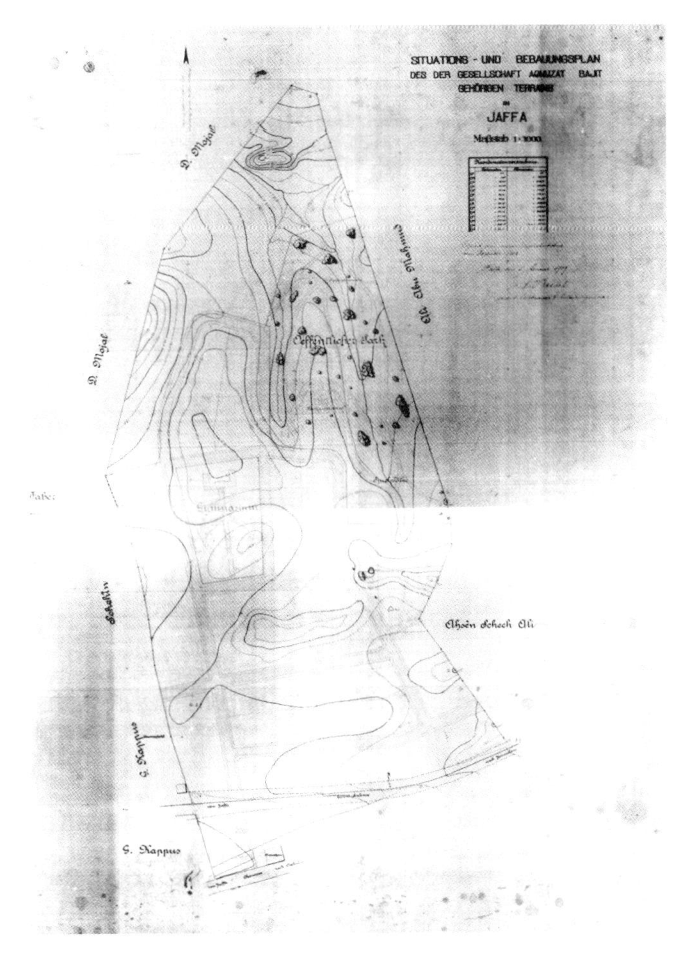

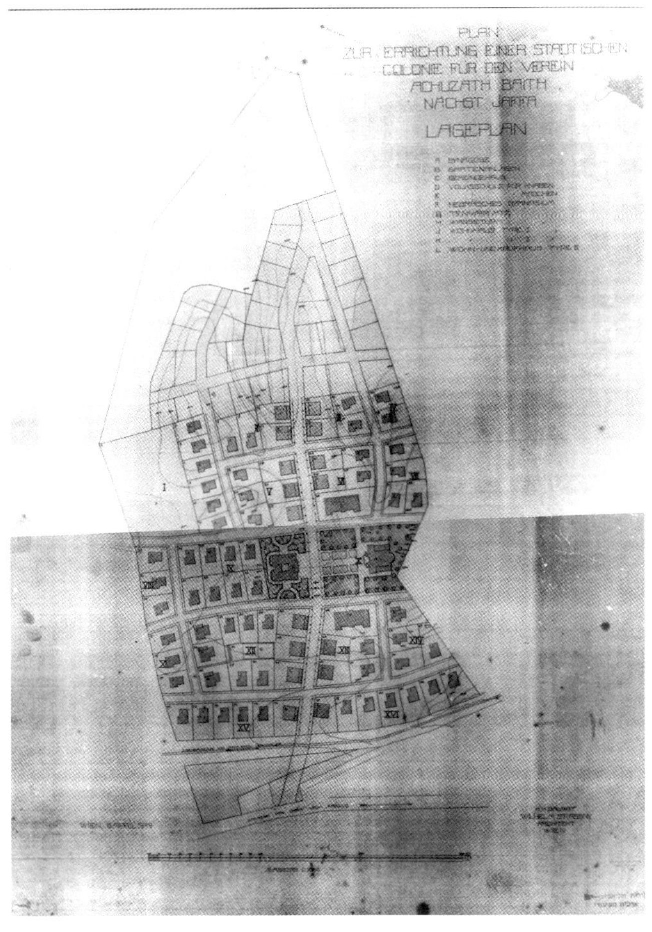

左图：约瑟·楚德尔（Joseph Treudel）所作的巴依特规划是一张画在产权界定图纸上的道路建筑图，《雅法城巴依特街区境况》，海法，1908 年 9 月绘制，1909 年 1 月 5 日发布，比例 1:1 000。

右图 威尔海姆·斯泰斯尼（Wilhelm Stiassny）所作的巴依特规划，《雅法城 Achuzath Baith 移民地图》，维也纳，1909 年 4 月 15 日，比例 1:1 000。这张彩色图纸还标示了将要兴建的中心花园。

家还研习了约瑟·司徒本的《城市与建筑手册》[25]，以便拟定未来的建设规划。得到土地后，他们又咨询了很多建筑师和工程师，其中包括维也纳的威尔海姆·斯泰斯尼（Wilhelm Stiassny）、海法的约瑟·楚德尔（Joseph Treudel），最后在一位名为戈德曼（Goldman）的建筑师的帮助下自行绘制了街区的规划图纸。

英国城市学家埃比尼泽·霍华德[26]所设想的花园城市，刚好符合这些创建者的理想，即：为新犹太人创建一个新社会，使他们成为居住在合法土地上的城里人。尽管这里气候极为干旱，他们仍希望在远离欧洲的地方打造一座明亮光鲜、绿树成荫的城市，与危险的雅法老城没有任何关系。这将是一种全新的空间构想，也是未来国家梦想的实践方向。

土地被分割成小块，每块需 5 到 10 份定金担保，每份定金所担保的土地面积最多不超过该土地的 1/3。地块方整且临路、朝向正南正北，街区中间是一条林荫大道和一条垂直马路。所有的产权所有人组成街区管理委员会，确保整齐划一。

25. 约瑟·司徒本（Joseph Stübben），《建筑手册·第四辑项目、基地和房屋规定·第九卷城市建设》（*Der Städtebau, Handbuch der Architektur, Vierter Theil: Entwerfen, Anlage und Einrichtung der Gebäude, IX Halfband*），A. Bergsträsser，1890 年。

26.Ebenezer Howard（1850—1928），20 世纪英国著名社会活动家与规划师，“田园城市”（cité-jardin）运动的创始人。——译者注

左上：朝向西面大海的罗斯柴尔德林荫大道，左侧第一栋是梅尔·迪森高夫（Meir Dizengoff）住宅，1911年。（S）

右上：同上，朝东方向，1910年。（S）

下图：同上，近1914年。（CZA）

右页

上图：Raanan 巧克力工厂，1926年。（S）

中上：巴依特的公共设施：警局、法院、市政厅和水塔，位于罗斯柴尔德林荫大道东侧，1926年。（S）

中下：Delfiner 丝绸工厂，1926年。（S）

下图：魏斯住宅从街区创建伊始就位于赫茨尔路尽端西侧，当时对面是赫茨尔高中，最近由建筑师 Amnon Bar Or 改建修复为餐厅，2004年。（JMP）

开工建房之时，照片记录下令人震撼的景象：一队一队的骆驼驮着石头，一排一排头戴帽子的人穿梭在沙地与坑洞、工棚与帐篷之间。终于有一天，马路上开始出现水塔、路灯、书报亭和几棵行道树。就像舞台上亮出了道具，即将上演的戏剧就是建设一个水电齐全、布局合理又充满魅力的自治街区，与雅法城的其他犹太老区完全不同。

这绝非仅仅为了满足居住或维持传统生活方式，而是要有所创建、实现三个理想：一是促进新老移民所出产的农产品交易，二是光大“民族”精神，三是加速移民进程。这些愿望体现了早期特拉维夫的核心特点，即领土自治、重视公共空间和控制城市结构。

领土自治

当时，阿拉伯人垄断着农业产品市场。犹太人希望通过领土自治来加强托管时期他们在巴勒斯坦的地位，进而获得农产市场和交易权。在雅法城附近建立独立的希伯来城市，可以使移民地的产品集中化、工业化，可以在雅法城外汇聚犹太资本，并借此吸引潜在的移民投资者和游散的商人。

因此，巴依特街区选择建在离雅法老城中心 2 公里远的沙漠中。在创建特拉维夫的第一次会议上决定，该街区的居民只能是犹太人，不能卖任何一块土地给阿拉伯人。这是巴勒斯坦历史上第一次作此决议。

民族精神的形成

采用希伯来语为通用语言，创建希伯来文化教育机构，推行犹太传统公共生活，犹太市长在犹太节日普珥日（Pourim）站在犹太市政厅阳台上向游行队伍致敬，在公立学校学习希伯来语——所有这些都只有在建立巴依特街区以后才成为可能。保护犹太文化价值观的行为是在公共场合正大光明地进行，而非躲在家里或阴暗的教室里开展，这样才能更好地服务锡安主义的最终目标。还有，公共建筑被视作最重要的元素，处于城市核心位置：蓄水池端坐于（未来的）罗斯柴尔德林荫大道尽头，高级中学则在赫茨尔路的轴线上。

左图：魏斯（Weiss）住宅细部，2004 年。（JMP）

右图：位于 Ahad Ha'am 路的赫茨尔高中，1926 年，于 20 世纪 60 年代被毁，新建沙龙（Shalom）塔。(S)

各家的住宅或许不需要专业人士参与设计，巴依特的公共建筑设计则必须由建筑师来完成。如果说家庭住宅的建筑设计是简单复制的（借鉴欧洲模式，方整的建筑、四坡盖瓦屋顶），那么公共建筑设计就是经过专门设计的。建筑师们致力于打造“希伯来爱国主义”（patriotique hébreu）风格，约瑟夫·巴斯基（Joseph Barsky）建造的赫茨尔希伯来高中就体现了这一宏愿。一部分是阿拉伯建筑元素，一部分是军事建筑元素，最终形成了一个具有纪念意义、中心轴对称的、不合常规的混合体。所有涉及公共区域的部分都做了相应的规定和细心的设想，如公共空间、建筑物的总体协调和布局。

城市形式

对居民而言，他们要在这里扎根下来、生活下去，城市风貌是决定居住环境质量不可或缺的前提。为吸引犹太居民（雅法老城的犹太居民或新移民），就要向他们提供通风良好、绿树成荫的住宅区，同时也可吸引其他街区和当局的目光。

左图：赫茨尔路通向沙龙塔，以前是赫茨尔高中所在地，2004年摄。（JMP）

下图：20世纪30年代的赫茨尔路。

田园城市（cite-jardin）有双重优势，一是能给人以“时尚”的印象，二是符合特拉维夫创建者的价值观，即公共区域的集体管理和个人产权依附于土地。所有这些理念都已在《新故土》一书中阐述过。很容易理解偏好这种模式的原因，就像英国费心解决工业化城市的拥堵和发展问题一样。在这里，田园城市似乎也是锡安主义运动向城市移民转变的一个完美解决方案，融合了回归土地和市民生活的双重需求。我们注意到，希伯来式田园城市的理念与勒普莱（Le Play）所宣扬的工人田园城市（cite-jardin ouvriere）两者是有差别的。勒普莱的城市个人（individuel）花园带有明显的怀乡情节，是“……为了舒缓那些曾是农民的城市工人的可怕沮丧”[27]。但希伯来式田园城市是充满希望的，对那些目前还散居在世界各地的犹太人而言，意味着享有一块土地，象征着上帝应许的实现[28]。

田园城市模式一直是巴依特规划的临摹蓝本。其实，田园街区或田园郊区这样的术语在此更为准确些。地块划分和之前提到的许多特征都像是田园城市，但是总体布局并不像英国大城市周边的卫星城那样，那些卫星城之间由景观绿地和农田所分隔。此处的城市布局就是德式或奥地利式的城市拓张[29]。

27.Michel Ragon 著，《现代建筑和城市规划史 · 第二卷现代城市的诞生（1900—1940年）》（*Histoire de l'architecture et de l'urbanisme modernes, tome2：Naissance de la cite moderne 1900-1940*），Casterman 出版社，1986：18。

28.Elie Barnavi：“犹太人被环境逼迫，只能从事‘非生产性’经济活动，即小手工业、小商贩、店铺和中介，被封闭在一种恶性循环中，反犹主义将他们抛弃在工业和农业生产的正常范畴之外，引起了普遍仇恨。由此在各国产生了所谓的犹太经济‘倒金字塔’，唯有民族国家才能使其复原……”。《以色列现代历史》（*Une histoire moderne d'Israël*），Flammarion 出版社，1988：107。

29.比如由 H.Jansen 于1910年在柏林规划建设的 Frankenhausen am Kyffhauser 的东部，或是由 Thomas Langenberger 于1907年规划的曼海姆的东拓部分，也能联想到西特（Camillo Sitte）于1903年提出的关于马林贝格（Marienberg，德国东部边境小城。——译者注）的构想。参照莱奇沃思（Letchworth，埃比尼泽 · 霍华德1903年在伦敦郊区试建的田园城市。——译者注）的模式，斯泰斯尼的方案中也明确规划了中央公共广场。

1910 年，巴依特改名为特拉维夫。到 1914 年第一次世界大战前夕，特拉维夫街区共有 150 户、2 000 位犹太居民。

巴勒斯坦的空间布局在奥斯曼帝国时代和英国托管初期导致了两种类型的规划。第一类规划不同于已有的街区，街区与移民一起引入，同时带来移民者的传统价值观，如在耶路撒冷的 Mea Shearim 或首批德国移民地。第二类规划是全新的社区或街区，有着共同理想的移民来自世界各地、各阶层，如基布兹农业合作组织。基布兹的空间形式是一种创新，形成了全新的社区，其目标也非常明确。1909 年起在雅法城东北部开建的巴依特街区也属于这种类型，事先进行了完整的规划。这无疑会打破当时已有的不同街区和城镇空间之间的平衡，也是巴勒斯坦地缘政治的特点所在。■

上图：最终确定的巴依特街区平面布局，由阿瑟·鲁宾负责细化并实施，是对约瑟·楚德尔（Joseph Treudel）和威尔海姆·斯泰斯尼（Wilhelm Stiassny）两个规划方案的综合。

下图：巴依特街区模型，朝北和赫茨尔高中方向。（MHT）

五、纸上绘城

下页图：1926年的Bialik路。(S)

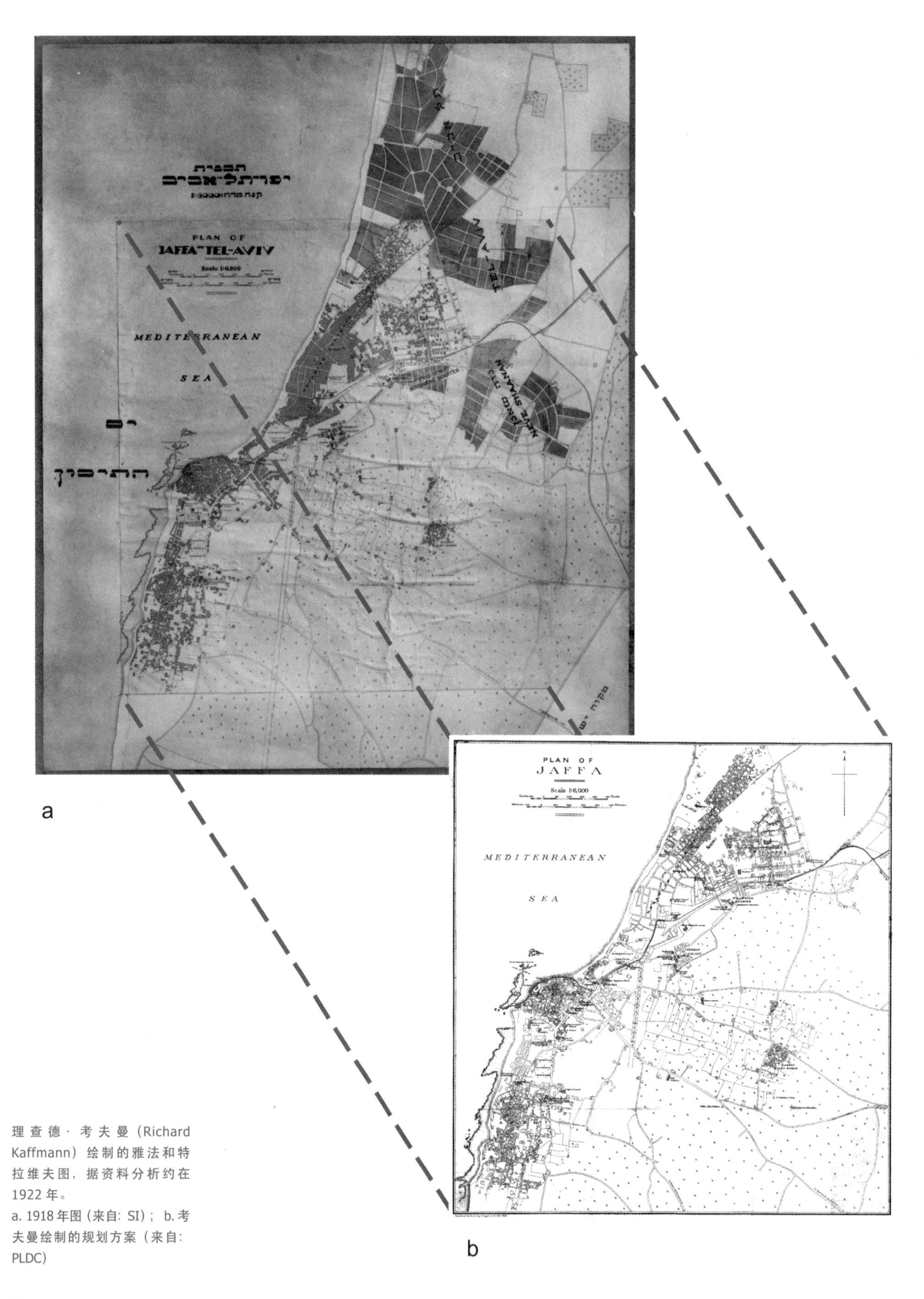

理查德·考夫曼（Richard Kaffmann）绘制的雅法和特拉维夫图，据资料分析约在1922年。

a. 1918年图（来自：SI）；b. 考夫曼绘制的规划方案（来自：PLDC）

五、纸上绘城

20世纪20年代的特拉维夫只有现在的1/3大小，其建设范围南至现在的Salma公路，北到现在的波拉肖（Bograshov）路，东边是Nahmani路和Lord Melchett路，西部是曼什街区（现在的豪华宾馆区）。在曼什街区西边的沿海地带、特拉维夫早期街区（前巴依特）街区以北、西南侧铁路沿线的环形地带也有少数居民。从此，城市的核心和商业轴线是Allenby路，一直延伸到海边。

最早的犹太街区所在地块是1907—1909年之前购置的，与曼什“阿拉伯”街区毗连。建造前的大块农地先由公司或个人购买，然后划分成小地块，泽戴克、沙龙甚至巴依特街区都是这种情况。后来，阿瑟·鲁宾所领导的土地购置公司“巴勒斯坦土地开发公司”（Palestine Land Development Company）开始计划购置多块毗连的大地块，图纸上的居民区显示了这些购地计划。

左下：1926年的Allenby路。(S)

右上：犹太大会堂（la grande synagogue）

右下：Allenby路拐弯处的Moograbi厅。

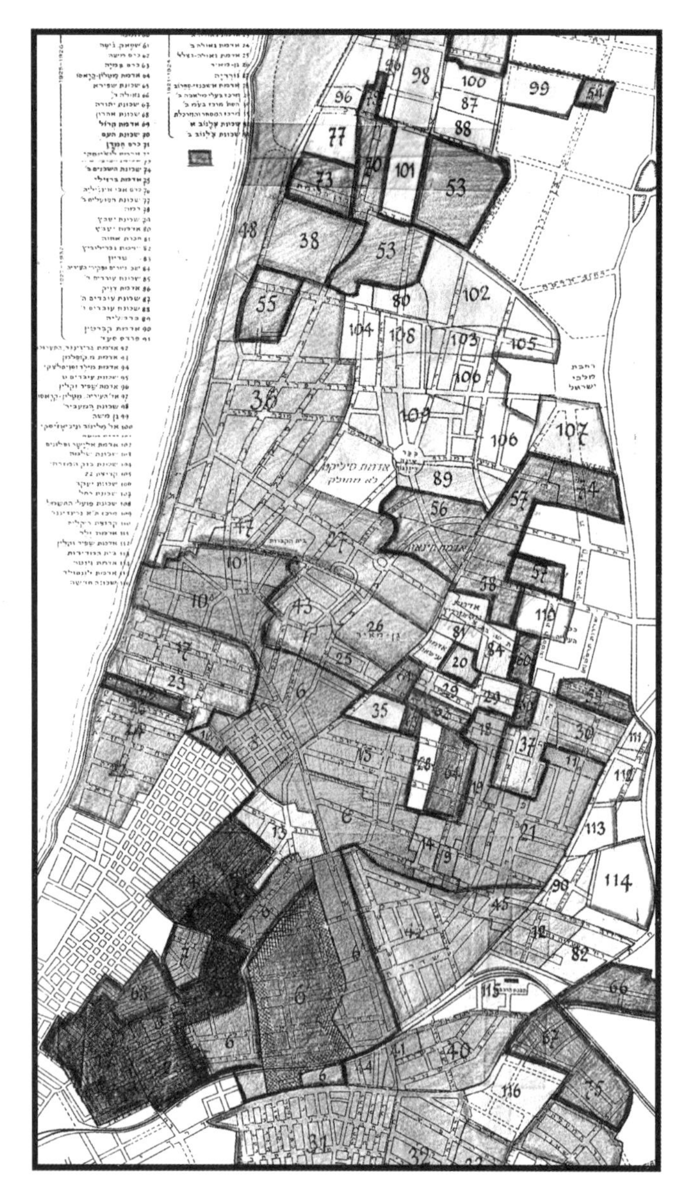

土地购置运动（左图）和1909—1924年间已购置的土地(右图)。左图依据Baver图(BR)，右图为1925年修编（HUC）。

购地分为两个阶段，首期是1909—1920年间购入曼什附近的土地，二期是于1921—1924年间购入特拉维夫第一个核心地块南部和西南部的土地。

1921年，雅法城的阿拉伯人和犹太人突发冲突，最终导致两个街区的正式独立。特拉维夫获得自治权，不再受雅法市政府管辖。该犹太城从此由“城镇委员会”（Township committee）管辖，并享有地方税征收权。所有犹太街区都汇聚到这一新的行政机构之下，1923年2月2日的雅法市政府委员会会议上讨论其边界并予以确定，犹太人获得的土地储备用于供1921—1923年间第三次阿里亚移民来的犹太人居住。

自从各犹太街区汇集并形成一定的自治开始，规划新城市的愿望逐渐产生。但是，首先面临的是有些混乱的局面——恰恰在有可能统一的时候才意识到各街区的差异，这多少有些令人感到尴尬。那时候，每个街区委员会都有自己的专用图纸，在统一规划城

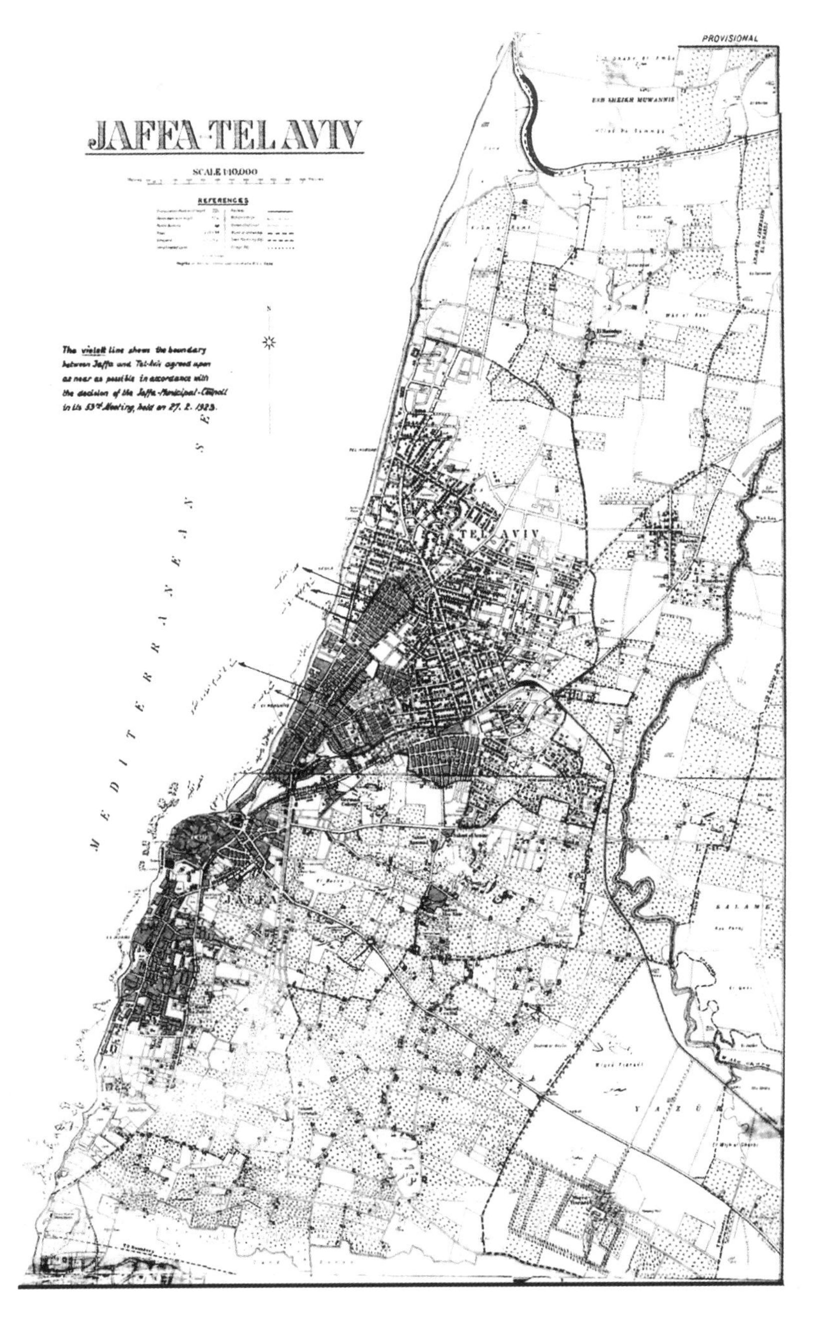

左上：雅法 - 特拉维夫图，特拉维夫巴勒斯坦测绘局，1930 年 12 月，比例 1:10 000。此图用阿拉伯语标注，由当时犹太和阿拉伯名人担任委员的雅法市政府会议确定两城边界。（HUC）

右图：新移民登陆雅法城。（JBK）

1926 年时的特拉维夫城市徽章，写有“海外侨民的光明及进入以色列的大门”（Une lumière pour la diaspora et la porte d'entrée en Terre d'Israël）的铭文，座右铭是“我为你造房，你为我建城”（Je te bâtirai et tu me construiras）。（S）

市前需要先研究已有图纸。这也造成了一些非正式的技术竞争，令工程师、测量师和建筑师们兴奋不已，每个人都在工作室摊开一大张纸，准备绘制“特拉维夫规划图”。有时候规划设计要各自保密，因为市政府要比选最佳设计方案……

在特拉维夫历史上，“规划”（plan）一词的含义一直摇摆含糊，从意第绪语、德语或法语到英语，再到希伯来语，每种语言的含义都有所不同，如现状记录、整治计划或拓展规划。20 世纪 20 年代初，“规划”首先意味着所建街区的整体布局。然而，各人与政治的远近关系不同，其敏感度也有所差异。蛰伏的商人里奥 · L. 申菲尔德（Léo Léob Sheinfeld）希望推出商业化一些的计划，雄心勃勃的理查德·考夫曼意欲推出规模宏大的规划，而市政府的技术人员则因缺乏规划经验而羁绊其远大理想的实现。

1921—1923 年间的特拉维夫总工程师、总建筑师耶胡达 · 麦格多维（1896—1961 年），他曾在奥德赛学院学习，于 1910 年移民来以色列，在特拉维夫从事两份工作：市政府公务员兼个体建筑师。（TMA）

1. 整合各街区图
（里奥 · L. 申菲尔德，1922—1923 年）

1920 年，年轻的移民里奥 · L. 申菲尔德（Léo Léob Sheinfeld）从君士坦丁堡来到以色列，他已获得奥德赛（Odessa）皇家建筑学院的建筑师文凭[1]。时年 22 岁的他出生于俄罗斯，当时刚结婚，在一家建筑工程师事务所工作。为了补贴家用，他晚上为城市的总工程师耶胡达 · 麦格多维（Yehuda Magidovitch）工作。麦格多维只是私下参与这些设计工作，作为公务员的他是不允许参与私营执业的。

1921 年初，麦格多维设法将这位年轻的建筑师留在自己身边工作，由朋友奇森（Chissin）出面签约雇佣，帮助绘制“特拉维夫新规划”。附图是关于划分地块产权的“准确”记录图，是整个城市的市政管理基础。虽然在各街区层面或多或少都有业主委员会制定的管理条例，但当时在政府层面并没有任何相关法律规定。任何人想要购置地块，都要与业主委员会签署协议，同意遵守关于用地面积、最大建筑面积、道路宽度、房屋高度、空间布局等相关规定。申菲尔德为奇森设计的图纸于 1922 年完成，但并没有得到市长认可。迪森高夫市长要求重新设计，奇森不愿意再继续干下去，于是年轻的设计助手申菲尔德决定自己悄悄地完成这项任务。

位于Allenby路尽头的海边赌场，建筑师是麦格多维，1920 年。麦格多维私下承接的设计项目多由他非正式雇佣的其他建筑师帮助完成，申菲尔德便是其中之一。

1. 申菲尔德的生平来自 Baruch Ravid 博士和历史学者 Shula Vidrich 提供的珍贵资料。

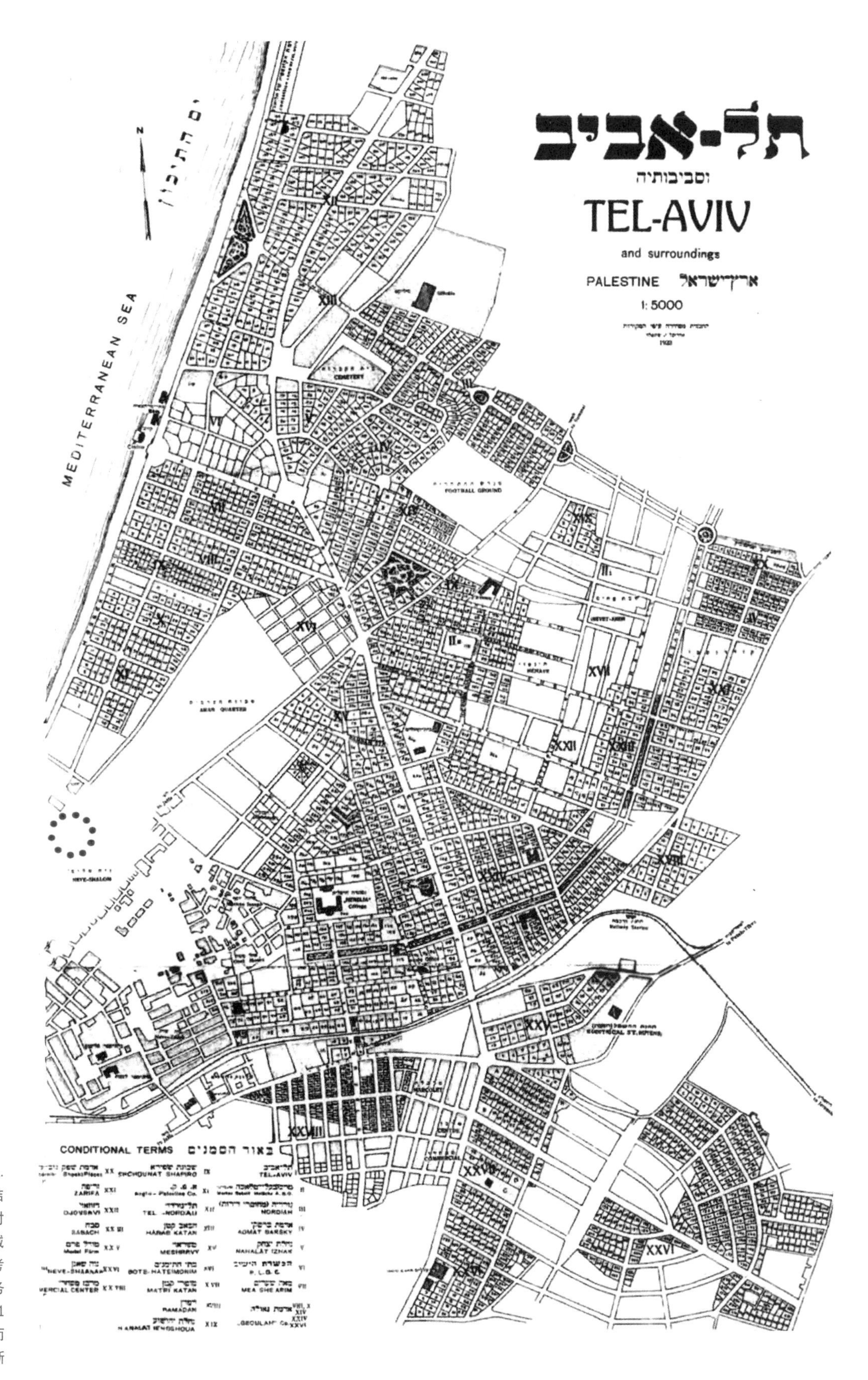

“特拉维夫及其周边图”，1923年，比例1:5 000。里奥·L.申菲尔德所绘制的这张地图结合了他在几家不同公司工作时的记录和规划，如位于老城的Steinerz、赫茨尔·福兰考（Frankl）、Orenstein等事务所关于雅法的记录图以及1921年应市长迪森高夫先生要求而协助奇森绘制的“特拉维夫新规划”。（JNU）

左上：从雅法通往特拉维夫的迦密山路，旁边是曼什街区。

右上：1926 年时的 Bialik 路，左侧近景是诗人 Chaim Nahman Bialik 的住宅。

左中：1926 年时的耶胡达 · 哈勒维路。

右中：1926 年时的本雅明（Nahalat Benyamin） 路。（可对比本书第二章 1910 年图。——译者注）

下图：1923 年在特拉维夫接待高级委员赫伯特 · 萨缪尔。照片左侧，迪森高夫市长坐在委员身边。(S)

申菲尔德用了 18 个月时间整理先前收集的资料信息，然后在 1:1 000 比例的图纸上记录每个地块并标注索引号。期间，他父亲也移民来了。为了不引起他父亲的注意，这位建筑师每天晚上都把绘图桌盖起来，他担心泄密对竞争不利。后来发生的事情证明他的担心是有道理的。绘图工作接近尾声时，他父亲发现了，就向外吹嘘他儿子在做的大事。很快，另外两名建筑师也开始了此项设计工作，但他们的雄心略小，图纸比例也小一些，是 1:2 500 的，要比申菲尔德的图纸小很多。虽然他们三个人的设计图纸都完成了，但市政委员会最终还是采用了申菲尔德的方案，因为他的地图“最详尽”。随后，建筑师让他父亲去印制地图并在市政府销售。他还利用此图完成了一本关于特拉维夫历史的三语（意第绪语、希伯来语和英语）手册，在耶路撒冷以较小比例（很可能是 1:5 000）进行石印。他还联系了广告商，在手册中发布住宅照片，换取印刷资金。该手册前后总共印了 5 万册[2]。

2. 按申菲尔德自己的说法。

1924 年，申菲尔德离开巴勒斯坦奔赴美国，带走了大量手册。大部分手册都已卖掉，剩下的也被看门人不小心扔了。申菲尔德最终成功绘制了特拉维夫混杂街区的规划图，把所有地块都分块编号并命名。他留给世人的首张分地块规划图至今还在。

这张“规划图”到底意味着什么？通过对地图绘制过程、城市历史和现状的分析，可以让我们了解得更清楚些。首先要明确，这张图并非是严格意义上的现状记录，因为该图上有很多地块居然在 1925 年英国人完成的官方记录图上都还没有出现。那么，这是一个规划方案吗？细致查核后得出一个结论，这也不是一个整体的规划，而只是把正在建设中的各分地块项目合成起来，其中有些是建筑师自己做的设计。看起来该图似乎并不张扬，申菲尔德并未夸大什么。但事实上，这项工作还是非常大胆的，它首次将各犹太街区汇总起来，并连接了雅法城北环线的一部分，从而展示了城市拓张的趋势。暗地里进行设计与绘制工作，不仅是担心竞争，也是希望不要过于明目张胆地炫耀新街区的工程规模。英国人早就宣称，犹太国家的实现不能损害巴勒斯坦其他国家民众的利益，特拉维夫的领导人不希望把英国政府置于尴尬境地[3]。

将该图与后期的记录图比较，可以看出这些分地块规划基本上都实现了。罗斯柴尔德林荫大道朝西北方向延伸并分道后，一个网状结构的街区居中缝合了两个延伸部分，一个在北部，一个在东南部。罗斯柴尔德林荫大道继续朝西北方向延伸并与波拉肖路相连，直通海滨，进一步显示了与雅法老城脱离的强烈意愿。

理查德·考夫曼，“巴勒斯坦土地开发公司”的建筑师（1887 年生于德国法兰克福，1958 年在以色列特拉维夫去世）。考夫曼在荷兰阿姆斯特丹学习建筑，1909 年遇见阿瑟·鲁宾并追随他来到巴勒斯坦，设计犹太新移民地和耶路撒冷犹太街区的规划图。他于 1920 年正式移民，1927 年成为巴勒斯坦英国托管政府的城市规划委员会委员。

2. 城市规划草图
（理查德·考夫曼，1922—1923 年）

建筑师理查德·考夫曼（Richard Kauffmann）是土地购置公司“巴勒斯坦土地开发公司”的一员，被誉为特拉维夫首张“规划图”的“设计”（concu）者。考夫曼出生于德国，在荷兰阿姆斯特丹学习建筑，先在乌克兰从事城市规划工作，第一次世界大战期间在斯堪的纳维亚（Scandinavie）执业。1920 年，他应锡安组织之邀来到巴勒斯坦土地开发公司，从事新城的规划工作，1921 年成为新成立的特拉维夫城市规划地方委员会委员。该委员会受英国政府管辖，是雅法市政委员会的分委会，挂靠于利达（Lydda，今天的 Lod）区的城市规划地区委员会。他提出了很多市政项目建议，有的用于已购置地块，有的用于未来几年将要购置的地块。

1921 年 7 月，考夫曼提出了关于特拉维夫西北部玛塔里（Matari）区域的计划，先用铅笔画草稿，然后以 1:1 000 的比例在一张大纸上手绘设计图。这份宝贵的资料现在保存在耶路撒冷锡安主义档案馆后面的地下室里。这份计划好像也曾提交给市长，但是没有获批（一方面该计划最终没有出现在记录图中，另外也没看到有市长的签批）。

3. 指 1917 年的贝尔福宣言对巴勒斯坦地区的阿拉伯人不利，而此前英国在打败奥斯曼土耳其人并托管该地时曾得到阿拉伯人支持。——译者注

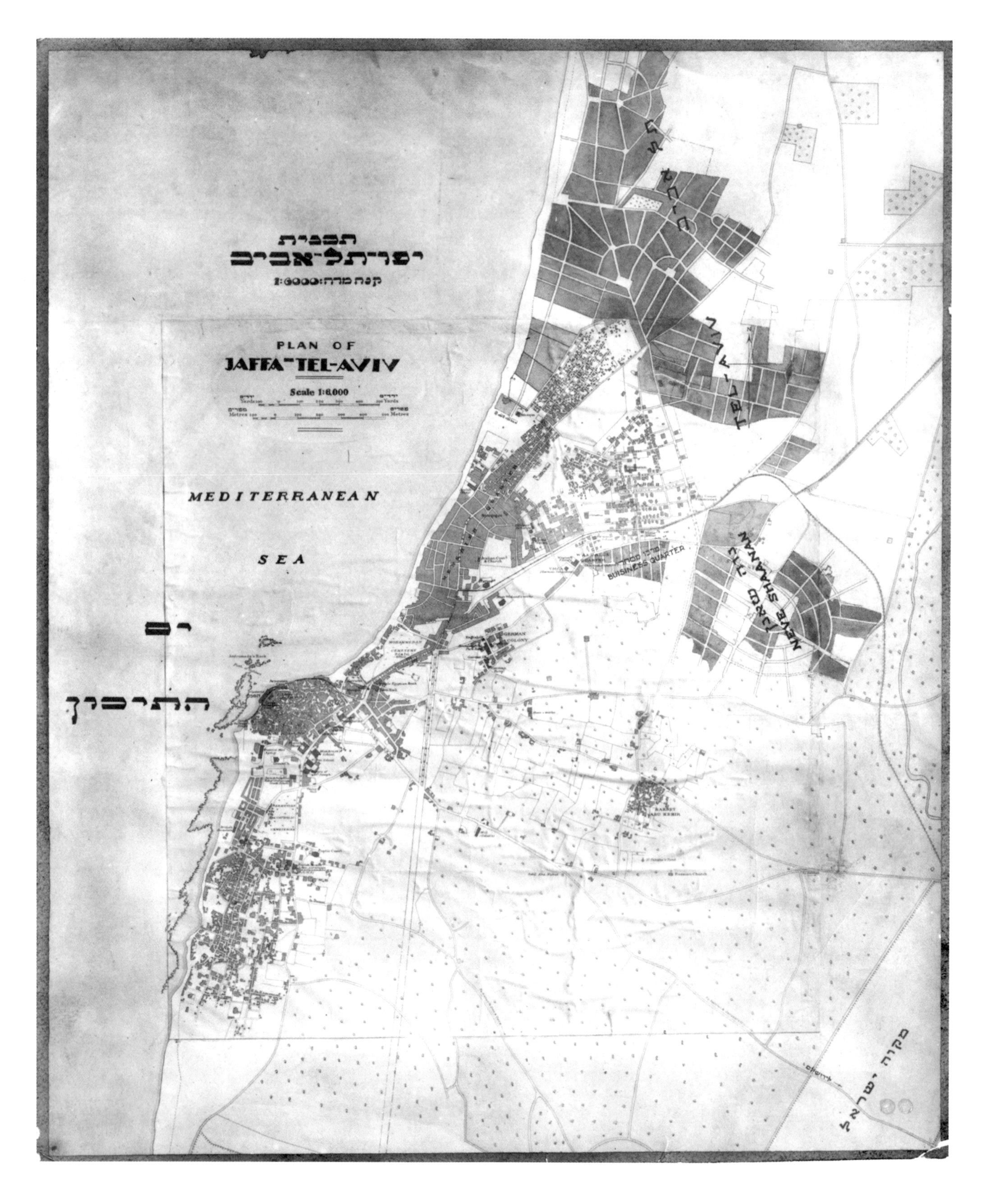

理查德·考夫曼，“雅法-特拉维夫规划图”，很可能是1922年的方案，比例1:6 000。(PLDC)

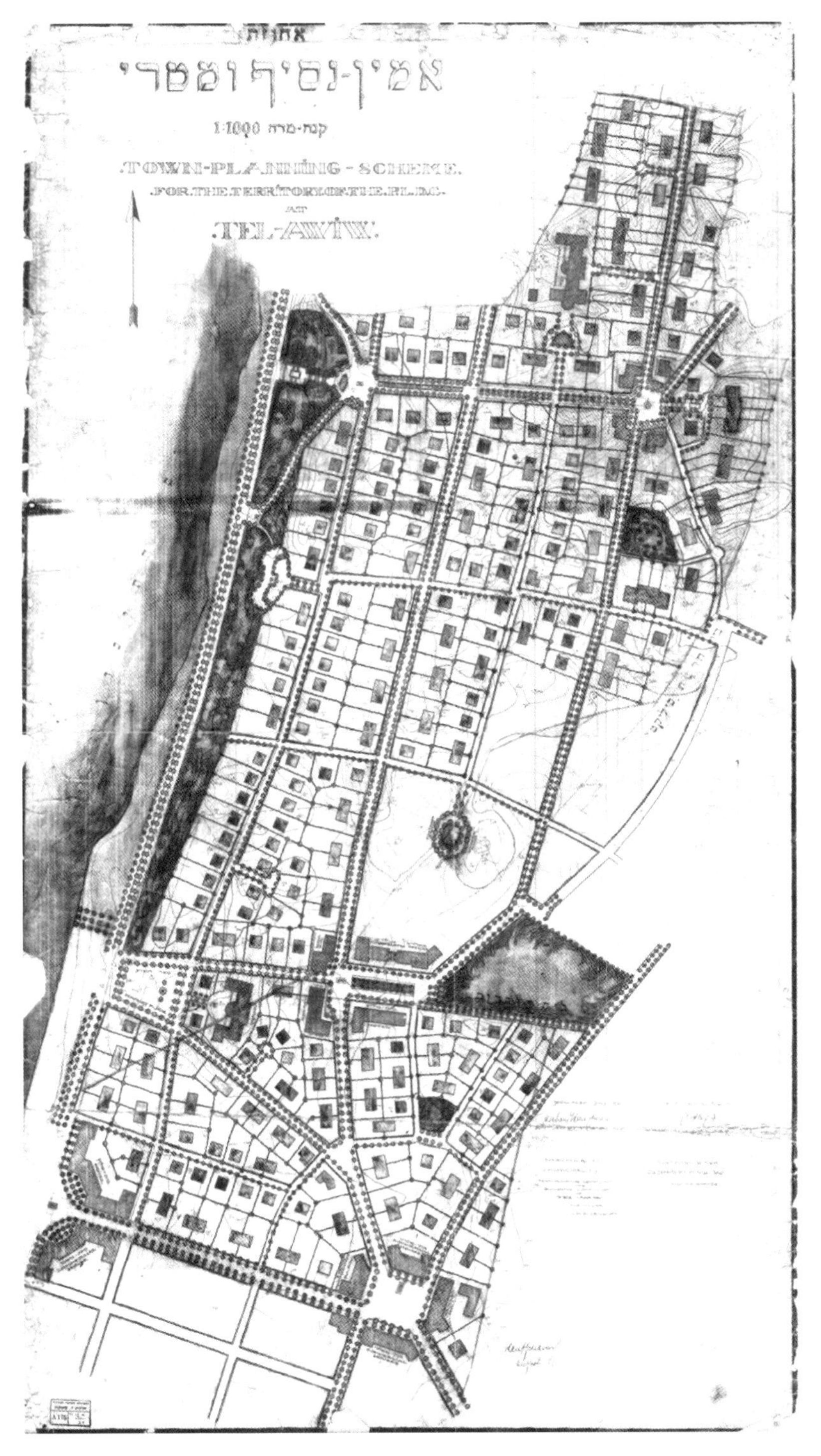

同年 10 月，考夫曼开始谋划未来的商业中心项目米沙里（Merkaz Ha Mishari），该街区位于特拉维夫早期城区的南部。他绘制了道路规划和建筑平面图，将建筑物摆布在中轴线两侧并面向雅法老城中心。街区委员会最终拒绝了该计划，转而选择了工程师蒂施勒（Tischler）的规划方案。

很有可能考夫曼就是申菲尔德的“特拉维夫新规划图”项目的另外两个竞争者之一。同时期，他还绘制了城市的整体风貌图，提出了该公司各地块的整治图纸。据资料（参见第 78 页图）来看，似乎完成图纸的时间很紧张。

左图：“特拉维夫 P.L.D.C. 领地的城镇规划图”，耶路撒冷，1921 年 7 月。（CZA）

右图：米沙里（Merkaz Ha Mishari）商业中心规划，1921 年。（JNU）

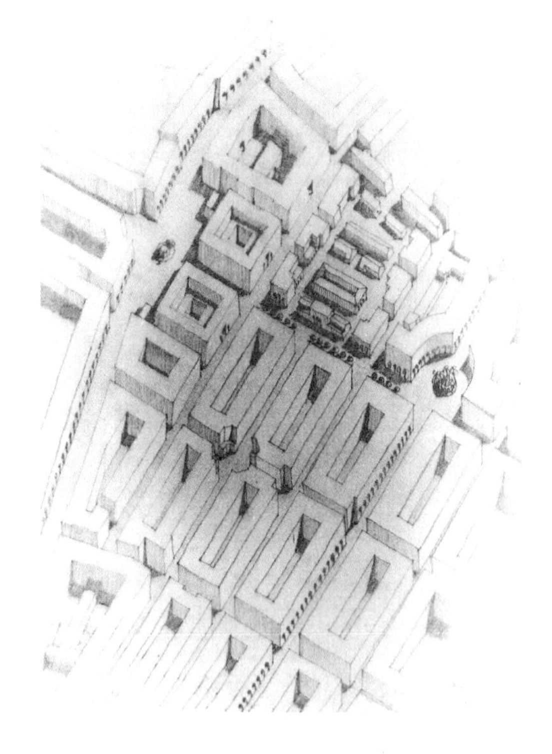

左图：理查德·考夫曼所构想的特拉维夫米沙里（Merkaz Ha Mishari）商业中心规划，耶路撒冷，1921 年 10 月。（CZA）

右上：1926 年商业中心的主路。（S）

右下：老商业中心南望，近景是罗斯柴尔德林荫大道。（P）

在已属于私营公司[4]的一处档案中发现了一张尺寸为 21 厘米 ×25 厘米的原始底片，可以看清楚这张图纸的明确想法。该图与所说的记录图有明显差异，设计和表现手法都不一样：字体看上去更粗，建筑物着过色，很可能是涂绘而不是线条。实际上只有一部分建筑着色了，记录图的色调与此图不同，建筑物的表现手法也不同，这是个有趣的发现。比较下来，特拉维夫南部的建筑群更加明晰，每一幢建筑都出现了。还有一个细节令人惊讶：图上显然有两条随意留下的垂直线，像是切割线，那么，考夫曼绘制这张图所使用的底图是什么？他手头应该有一张现成的底图，即 1922 年之前的图纸。核对一系列的图档后，推断出他用的底图可能是 1918 年的图纸。比较考夫曼的构思图和 1918 年的图纸，可以帮助理解城市规划师是如何工作的：直接将原图粘贴到一张更大的纸上，然后绘制特拉维夫的南北延伸部分。比较结果

4. 巴勒斯坦土地开发公司的档案材料几年前已被 Maariv 集团公司收购。

是吻合的：考夫曼图纸上特拉维夫的现有部分与1918年的记录完全一致，比例都是1:6 000。这种比例并不常见，但两者都选用了这个比例。图纸朝向（指北）也是一样的。标题下的一条细线甚至让人猜想曾剪裁掉原图上的标题"雅法地图"，然后用相同尺寸的纸补上，并标注新标题为"雅法——特拉维夫规划图"。希伯来语的标题显然是后加上去的，还有用来标注新街区的希伯来语和英语的副标题也是，其中有些是考夫曼的规划构思，如"商业中心"、"Neve Shaanan"和"特拉维夫"。此图与考夫曼的其他项目有很大差别，应该是匆匆忙忙完成的。他想赶在申菲尔德之前完成，争取借此成为特拉维夫的总规划师。

考夫曼到底规划了些什么？该图揭示了答案。大面积的彩色部分代表巴勒斯坦土地开发公司已经或正在购置的地块，之后的一张地块购置编年图也可以佐证这一点。他还在土地开发公司意欲购置的地块范围内设计了整体的空间布局，把自己构想的玛塔里区和蒂施勒细分的商业中心地块也纳入了规划范围。

他的规划方案图实际上是对地块划分记录和整体规划的综合。

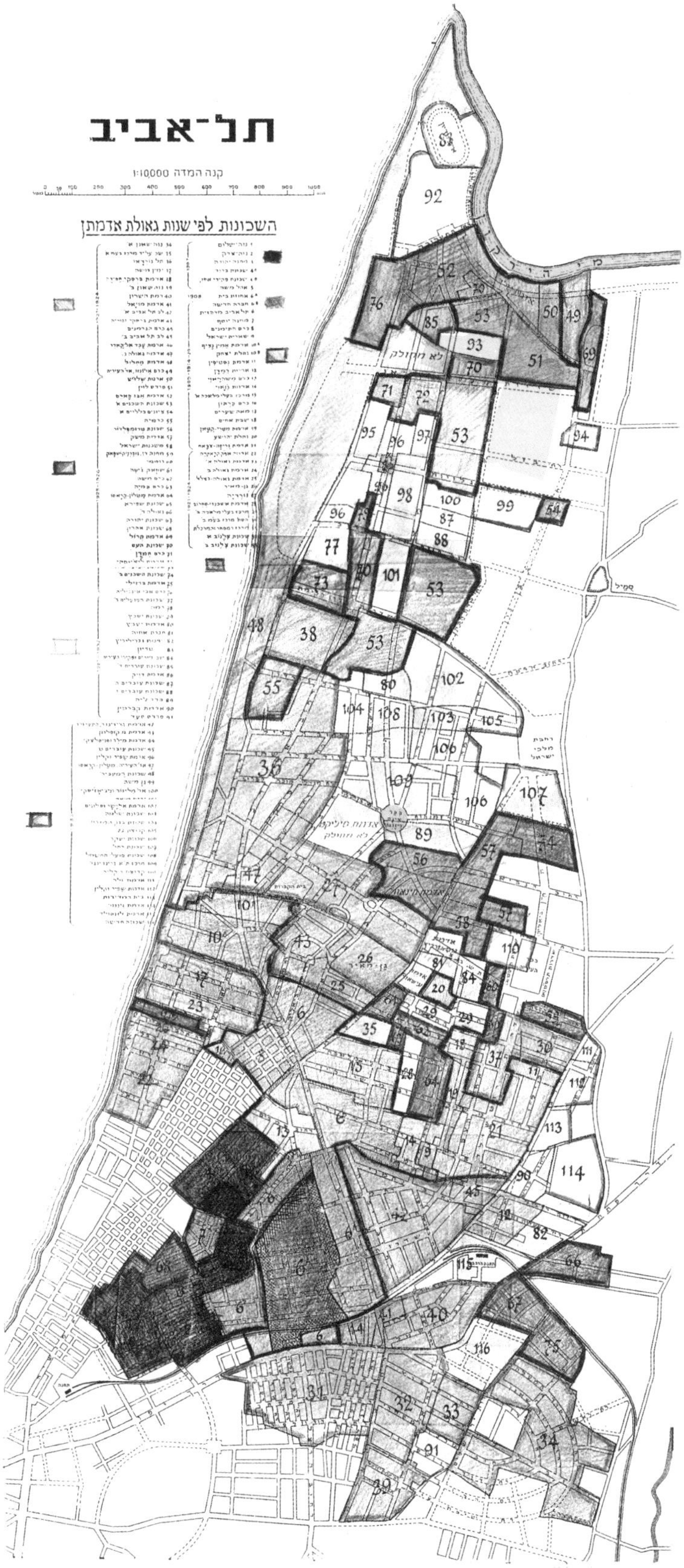

A · Y. 布拉沃（Avraham Yacov Braver）主持的"特拉维夫按购置年份划分的街区"（希伯来语），特拉维夫市技术局，基于1934年城市布局的分析图，比例1:10 000。（BR）

3. 建设中的城市
（市技术局，1924 年）

除了里奥 · L. 申菲尔德和理查德 · 考夫曼的图纸之外，还有三份资料见证了特拉维夫的各个发展阶段：20 世纪 20 年代初期，特拉维夫正在逐步成为一座新城市[5]。

特拉维夫地图

这可能是 1921 年申菲尔德帮助奇森完成的设计图，透露了市政府的一个动向：正在设计中的该项目将采用申菲尔德的方案。此图的布局与申菲尔德的方案很像，用地范围也类似，标题使用的字体和指北标志也一样。需要指出，这两张图都是市政府技术局发布过的。

此图和申菲尔德的图都不易确定规划区域的边界。西北部的细线有一部分是该市的边界，但东北方向没有边界，用地似乎一下就被切断。比照 1925 年的记录图，发现此图的一部分实际是 1924 年已经建成的街区，北部和西北部的另一部分很有可能是新近购置土地的划分计划。

此图所涉及的土地是 1924 年购置的，因此，即使这张图是 1926 年公布的，它显示的也是几年前的情况。

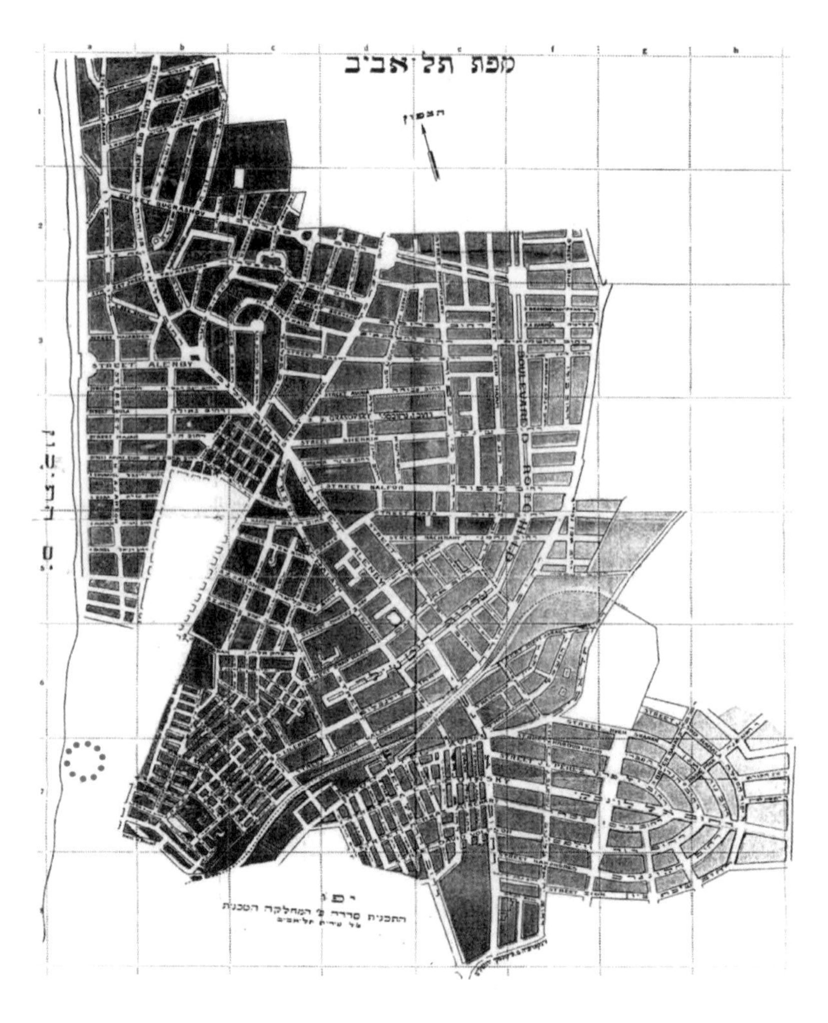

“特拉维夫地图”（希伯来语）总体规划与实施方案，特拉维夫市政府技术局，1926 年。（HUC）

特拉维夫拓展图[6]

该图很可能是市技术局于 1924 年完成和公布的，它是记录城市四个发展阶段的重要资料之一：1909 年的特拉维夫雏形，1914 年第一次世界大战期间的特拉维夫，1921 年特拉维夫立法成立市政委员会，1924 年的特拉维夫现状。

同前，比较此图和 1925 年的记录图，也可以看出特拉维夫已建成和规划中的用地情况，中央的部分与之前的图纸是一样的，但是左右[7]两侧都向北拓展了。

5. 来自本杰明 · 海曼（Benjamin Hyman）律师借阅的资料。这三幅图是用复印纸发来的，最初觉得无足轻重，后来经过比较同时期的记录和规划图，这些“未知图纸”才显出它们的重要性。

6. 译自希伯来语。

7. 指东西向。——译者注

这张图上的特拉维夫北部边界比申菲尔德的略显突出，界线到了今天的拉宾广场[8]，这很有可能是 1924 年末的城市边界线。像申菲尔德的图纸一样，这张图显示了城市用地的均质化，它把 1925 年或 1933 年前尚未购置的一些地块也涵盖进去了。但它并没有考虑更远的北部地区，尽管当时那些土地已在购置过程中。

特拉维夫规划图[9]

来自犹太国家基金会的特拉维夫规划图很有可能也是 1924 年绘制的，展现了特拉维夫已建成的道路网和规划中直至 Keren Kayemet 林荫大道[10]的用地，边界和布局与上述图纸一样。图中以深色标记的巴依特是城市的第一个街区，右侧是巴勒斯坦岸线图的一部分，希伯来语和阿拉伯语的地名都用拉丁字母书写。该资料有趣的地方在于显示了国家基金会有意购置的地块。

上述三份图纸的共同之处在于展示了 1924 年的城市状况，详细绘制了市技术局那时候在城市以北、西北、东北和东南方向的土地购置项目。

比较既有道路和规划路网，看起来好像市政府的规划把既有道路网转向了：原先的西南至东北道路改为东南至西北方向，规划方案把雅法老城的扩张方向转了 90°。直至现在，城市的发展仍沿着这些道路方向，一直辐射到巴勒斯坦的其他城市，如纳布卢斯和利达。自此之后，城市转身面朝大海。到底是雅法的发展转向了，还是由其衍生出来的特拉维夫新城把它堵住了？

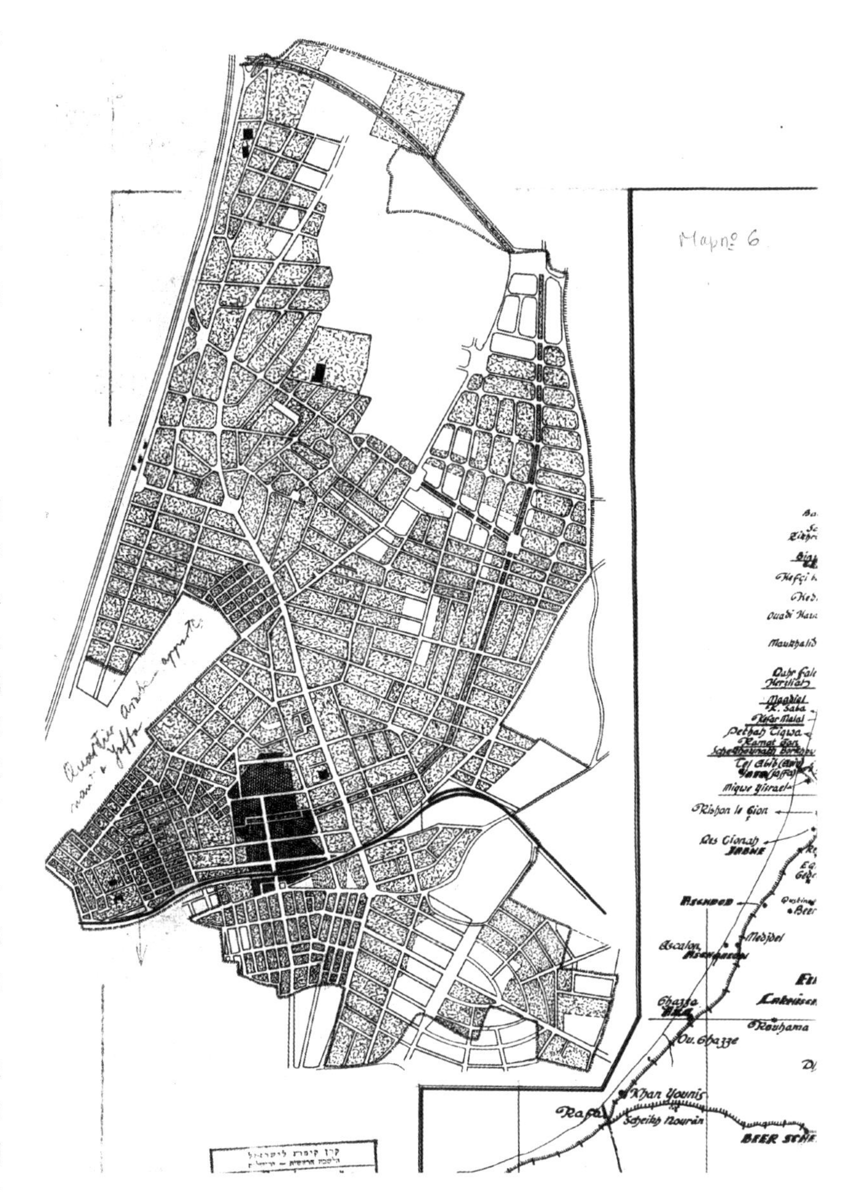

特拉维夫规划图，城市用地布局规划记录，特拉维夫市政府技术局，约在 1925 年初。(HUC)

8. 原为老的国王广场，后为纪念拉宾改名。伊扎克 · 拉宾（Yitzhak Rabin）1922 年生于耶路撒冷，战功显赫，1977 年、1992 年两次出任以色列总理，因推进中东和平进程获得 1994 年诺贝尔和平奖，1995 年 11 月 4 日被犹太激进分子刺杀在广场附近。——译者注

9. 译自希伯来语。

10. 意为国家基金会大道，即今天的本 · 古里安大道。戴维 · 本 · 古里安（David Ben Gurion，1886—1973 年），犹太精神领袖和现代以色列建国之父，第一任、也是任职最长的以色列总理。——译者注

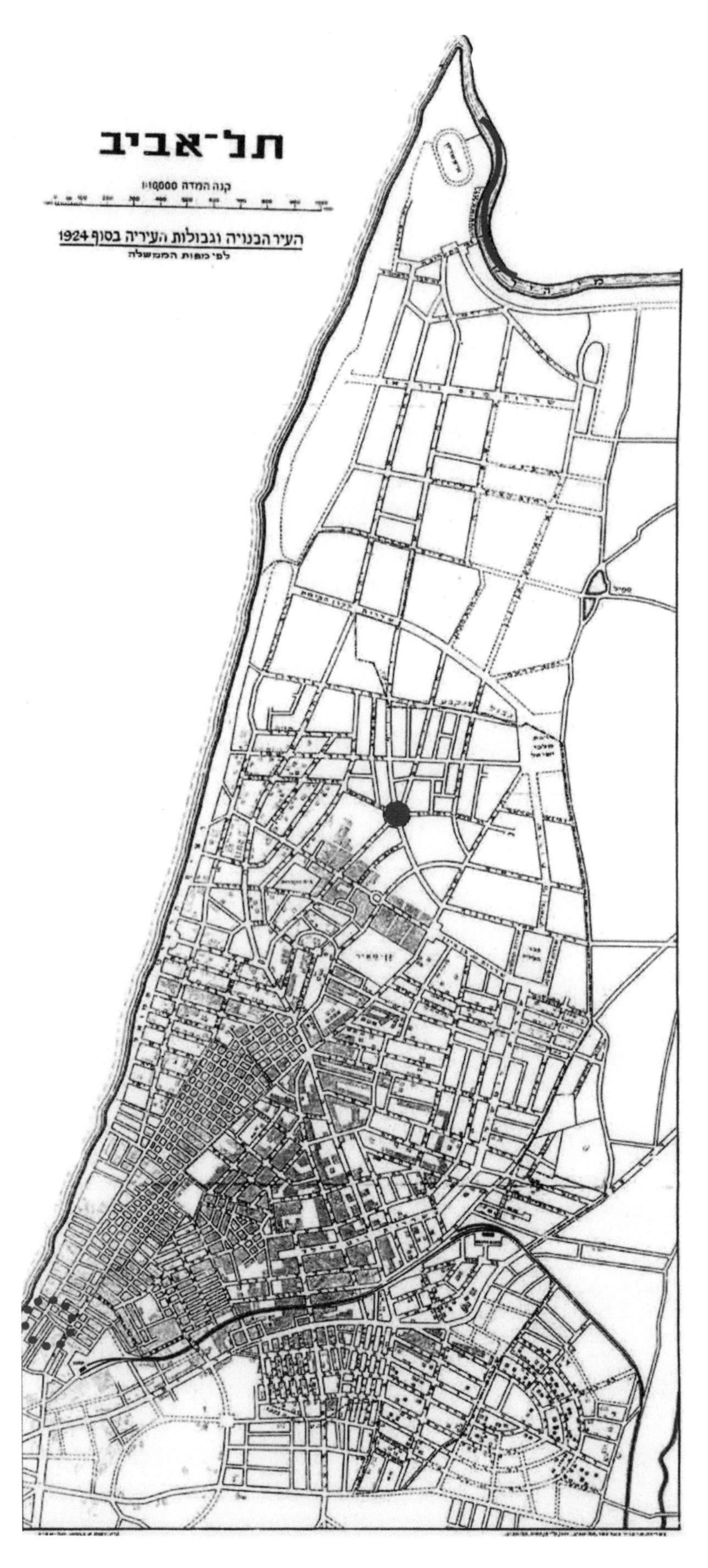

也有一些研究者认为，选定上述发展方向的一部分原因是土地购置的实际情况，也有控制住雅法老城向西[11]的通道、阻止阿拉伯城市向北拓展的考虑。[12]

如果说雅法老城的外围轮廓早在奥斯曼时代就有了，1922年的规划方案则限定了最终边界。可以想见，曼什阿拉伯街区那时正在向东北拓展，甚至有可能带动雅法老城往纳布卢斯和大马士革[13]方向发展。但自从1921年开始购置土地，犹太人的土地最终与大海相连接了，有计划的用地布局规划战胜了老城的“自然”扩张。如果说雅法老城的自然发展仅填充了奥斯曼帝国时代余下的空地，那么上述规划方案则是编织了一张新网。大家能预见到其中心就是特拉维夫，但在那时候，谁也无法设想新城的最终规模。

特拉维夫1924年的建成区及其边界（按照市政府地图）

此图是特拉维夫第一位地理学者布拉沃于1936年完成的，显示了1924年末的建设用地，但该图的底图是1932年的城市状况。图上标示出1925年的北部边界线，正好在现Arlozorov路上，即苏美附近。这一点也与1925年的记录图相符。南部的边界线则蚕食了雅法老城，包括了Merkaz Mishari的几个犹太街区和Neve Shaanan的一部分。

特拉维夫1924年的建成区及其边界（按照政府地图）（希伯来语），A.Y.布拉沃主持，特拉维夫市政府技术局，据1934年城市用地状况的分析图，比例1:10 000。（BR）

11. 实为向东北。——译者注

12. 约斯·卡茨（Yossi Katz）1986年。M.A.莱文尼（Marc Andrew Levine）于1999年5月（博士论文），《推翻地理、重新定位：雅法和特拉维夫的历史，1880年至今》（*Overthrowing geograghy, re-imagining identities: a history of Jaffa and Tel-Aviv, 1880 to the present*），纽约大学中东研究系。

13. 大马士革（Damas），叙利亚首都，也在特拉维夫的东北方向。——译者注

a

b

根据此图可以了解新城独立于雅法老城时的实际建成区、边界线和犹太人已购置的土地。实际上，这些地块的所在位置已经覆盖了特拉维夫如今的中心，远超当时确定的城市边界，也远超当时规划方案所绘制的边界。

对特拉维夫来说，规划图纸在变成实施方案之前，首先是一种宣言。图纸不仅汇集了当时各个街区的信息，还预示了一座未来的新城，并借此实现锡安主义计划。图是纸上的希望。它描绘了一座“没有过去的城市……像幽灵般地出现了，在两千年的犹太历史中从无到有……”[14]，雅法渐渐地不再出现在任何一张图纸上。这些图纸的设计绘制者都参与了谋划，将特拉维夫打造成一座全新的自治城市。对他们而言，特拉维夫是一座新城市的胚芽，绝不是雅法老城的附庸。■

城市化进程与犹太人的地产。
a. 特拉维夫规划图，显示 1924 年城市边界线和界线以北的犹太地产（来源：GD）；
b. 1934 年在地理学家 A.Y. 布拉沃主持下绘制的规划图，包含了已购和计划购置的土地。（BR）

14. 亚瑟·库斯勒（Arthur Koestler，1905—1983，匈牙利裔英国作家、记者和批评家，犹太人。——译者注）著，《自传：蓝箭》（*Arrow in the Blue*），Macmillan 公司，1952：164。

六、希伯来城

（帕特里克·盖迪斯，1925年）

上图：帕特里克·盖迪斯爵士。（NLS）

右页：在希伯来城市的中心、新老特拉维夫结合处的六边形广场和“文化双卫城”（double acropole culturelle）（图片来源：105页）。（PLDC）

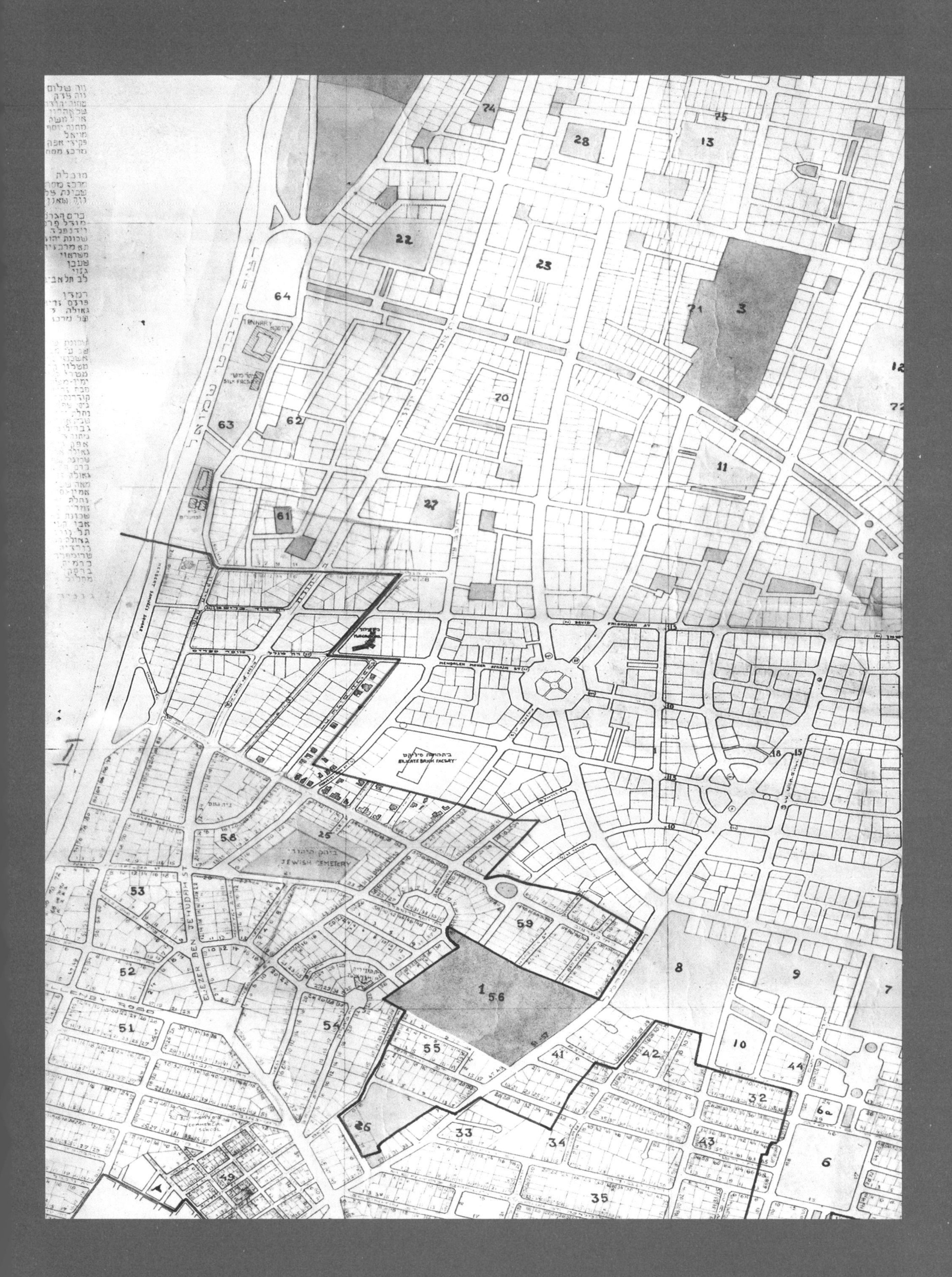

74
75
28
13
22
23
64
71
3
12
72
70
62
63
11
27
61
JEWISH CEMETERY
25
58
53
ELIEZER BEN JEHUDAH ST
59
8
9
7
52
1
5.6
51
54
55
41
42
10
44
32
6a
33
34
43
6
26
49
35

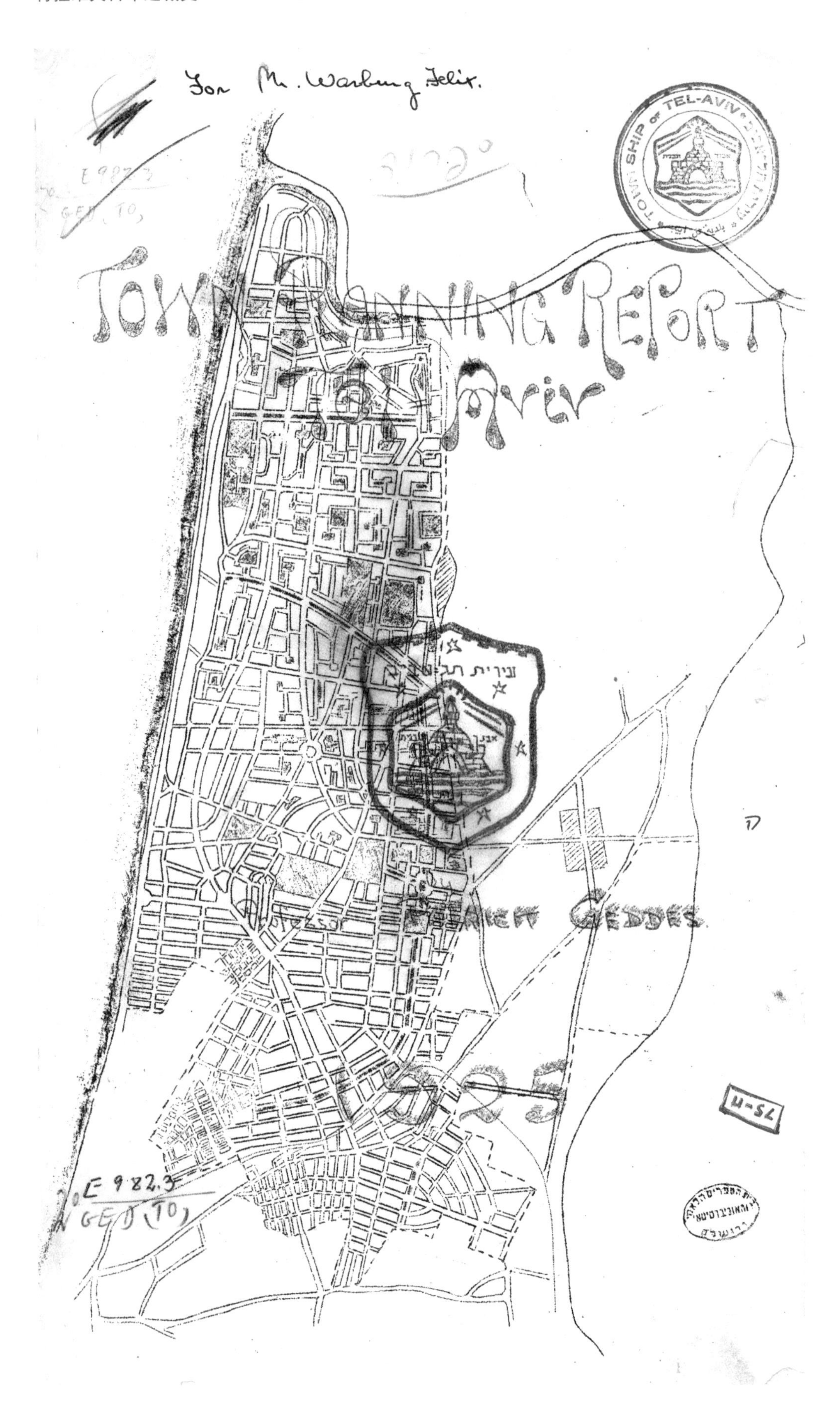

盖迪斯的规划草图：特拉维夫发展规划及新老街区的融合，帕特里克·盖迪斯，1925 年 (GD)。此图是目前能找到的、唯一与原始资料一致的图纸。盖迪斯使用的底图是特拉维夫市政府技术局的现状图，于 1925 年 5 月和 6 月分两个阶段绘制此图，开始时比例是 1:1 250，后来应其要求缩为 1:2 500。

六、希伯来城
（帕特里克·盖迪斯，1925 年）

在那个并不安定的时代，没人知道锡安主义计划会不会被改变甚至被推翻。风景设计师兼城市规划师帕特里克·盖迪斯所施加的影响最终决定了特拉维夫的命运。

但是盖迪斯旨在将特拉维夫从小镇变为大都市的规划图竟然散佚，或许是被人弄丢了。在撰写本书前，“盖迪斯规划”（plan Geddes）对我来说是很神秘的，一方面是担心它散佚不见的心理阴影，一方面也是因为不清楚此图对新城的实际影响。现在，图纸汇编分析的完成，可以更好地理解新城是如何规划的。

当前，“包豪斯”（Bauhaus）一词经常被不恰当地与特拉维夫建筑联系起来，“白城”也常用来表达其城市特色。中心城区的建筑是 20 世纪 30 年代按现代建筑运动的原则设计建造的，因此才会这样称呼它，但事实上并非所有建筑物都是白色的，大多数建筑是令人印象深刻的浅灰色、方整而简约。“白城”与威尼斯一样被列入联合国教科文组织（UNESCO）人类文化遗产名录。在那时，现代化是对人类不幸的一种回应。盖迪斯像谜一样，经常被以色列学者称作该市的设计者：规划师帕特里克·盖迪斯和市长梅尔·迪森高夫一起创造了“白城”。

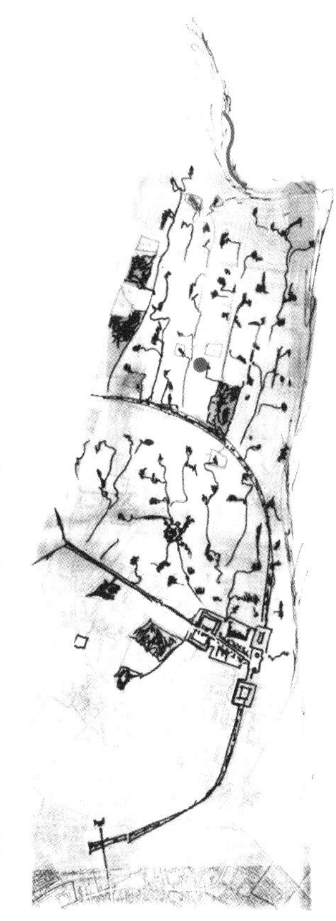

对盖迪斯规划图的另类解读：一页薄纸。（CWR）

1. 灵丹妙药

自 1921 年创建之日起，特拉维夫市镇委员会就思考如何规范和规划城市的快速发展。委员会希望找到一位同情锡安主义事业的知名规划师，苏格兰人帕特里克·盖迪斯是当时国际上著名的跨学科学者，也是天才的城市规划师，正是他们要找的人。

盖迪斯的思想是他在学术机构和院校中学习动植物、地质地理、社会和规划等多学科的积累。他积极支持纽约大学接收避难到美洲的犹太学者[1]，受到作家伊斯雷尔·赞格威尔[2]的高度评价，称其为当时“最伟大的人物之一”[3]。

来到以色列新土地的犹太人对“规划”这一现代化主题非常感兴趣，在他们眼中，现代化城市就是脱离中欧地区的犹太人区[4]的灵丹妙药[5]。犹太人区实际上是从城市里隔离出来的少数人居住区，把几块混杂的街区像监狱一样管制起来。这些隔都就像是一块块杂色的破布片，生活空间就像马赛克一样破碎凌乱，限制出入。“新犹太人”渴望独立。

梅森高夫市长指令盖迪斯所做的规划远远超过犹太人已经获取的土地量，甚至超越了英国政府承诺（concedees）给特拉维夫的界线。该规划也由此披上神秘的外衣，它神秘消失的缘由也出人意料：盖迪斯在1925年5月至6月的工作之后实际上就被解雇，并离开了特拉维夫。

伊斯雷尔·赞格威尔（Israel Zangwill）。（CZA）

查姆·魏兹曼，黑石事务所，纽约，约1924年。（BSN）

特拉维夫的领导层希望保留与英国政府的协商余地，为谨慎起见，解雇了这位激进的苏格兰学者。盖迪斯把锡安主义计划理解为全球战略和世界性计划，而非仅仅是解除犹太人痛苦的药方。他离开时被锡安主义领导人范·弗里兰（Van Friesland）责令留下图纸草稿，甚至用图纸换护照！

但盖迪斯不仅留下了图纸，他还留下了实现该规划的基础。他于1925年6月手绘的图纸与今天航空拍摄实景能完美重合。虽然盖迪斯离开特拉维夫后去了法国马赛，但他实际上已经留下了一座新城。这是他数不胜数的作品中唯一一个完全实现的规划方案。他的规划使特拉维夫成为自治城市，既不同于传统的犹太街区，又摆脱了阿拉伯老城。

盖迪斯—梅森高夫组合所做规划的覆盖

贝尔福（Balfour）爵士到Zichron Ya'akov附近访问，“犹太人的国王”查姆·魏兹曼坐在他身边，1925年。（SC）

1. Christiane Crasemann Collins著，《海格曼与寻求普世的城市规划》（*Werner Hegemann and the Search for universal Urbanism*），W.W.Norton公司，2005：323。

2. 伊斯雷尔·赞格威尔（Israël Zangwill，1864—1926），英国犹太小说戏剧家和政治活动家，“人民是祖国的集中体现”是其名言。——译者注

3. 引自字迹模糊的伊斯雷尔·赞格威尔1919年6月12日《致锡安主义组织主席的一封信》（*Lettre adressée au Président de l'Organisation sioniste*）的手稿解读（CZA/A120/326）。

4. 犹太人区（Jewish quarter），也称“隔都”（ghetto）。——译者注

5. 原文为antidote，即解毒剂。——译者注

区域，南边是当时已建成的部分（今天的波拉肖路），北边是 Auja 河，东边是今天的 Ibn Gvirol，西边是海岸。很显然，这一规划方案是关于城市的长远发展构想，比申菲尔德或考夫曼甚至特拉维夫市政府以前的构想和视野更远大。

如何解析此规划方案的永恒性？有两个因素需要注意：首先该规划很仔细地解读了地形地貌，其次是为正在形成中的犹太新社会提供了宝贵的发展空间。

帕特里克·盖迪斯爵士。（NLS）

2. 城市的网络结构

1919 年锡安主义领导人邀请盖迪斯参与耶路撒冷希伯来大学的规划。自从踏上巴勒斯坦大地，盖迪斯就不知疲倦地四处游历，边考察边酝酿。他去过的地方都有着漂亮的景观，合伙人还建议他在雅法城的一片橘园里设计一个城市公园。1920 年参观巴依特等地的犹太街区时，有一天他还因为收到圣地的感召而拜倒在雅法北部的某处沙地上[6]。青年仰慕者纷纷围绕在他身边虚心求教，他就在一张地图上方几厘米处的空白处画草图，摹绘想象中的特拉维夫和雅法。他还带领规划小组的成员穿越沙丘和小路，在沙土中用一根根木棍标记道路轴线和建筑物的位置[7]。

在此期间，盖迪斯曾试图说服特拉维夫的负责人，把城市长远发展预期也纳入规划。但市政府已经征集了当地专业人士如申菲尔德和考夫曼来做方案，他们所关注的局限于现有城区和已购置的土地，特拉维夫的首要职能是成为巴勒斯坦圣地的新犹太人移民地。1925 年，特拉维夫的市长梅森高夫最终决定邀请盖迪斯来编制城市规划，将那时仅 3 万居民的小城打造为 10 万人口的大城市。盖迪斯第三次来巴勒斯坦时，那一年[8]的 5 月和 6 月都待在特拉维夫。他首先作了现状分析，

1925 年 4 月 1 日，贝尔福爵士在 Scopus 山上出席希伯来大学开学典礼。（ISA）

6. 盖迪斯首次来访时本可以在特拉维夫作一个犹太会堂的设计，他的合伙人米尔斯（Fr. Mears）则忙于审核 G. Wilbuschewitz 的项目。按照本杰明·海曼（Hyman）的说法，盖迪斯本人当时没有作任何图纸。海曼，1994：117，295。特拉维夫市政委员会《特拉维夫年度全会决议》，1920-01-4（CZA，L51 1773，希伯来语）备注 627：348。

7. “一群求知若渴的年轻人围绕着他，他跪坐的地板上满是地图和图纸，他在地图上评点着特拉维夫和雅法规划的各种可能性，这就是帕特里克·盖迪斯在巴勒斯坦给我的第一印象。几分钟之后，我们来到外面的路上，走上沙丘……我们和盖迪斯一边走一边在沙地上做临时标记。” David Eder 著，《在巴勒斯坦》（*In Palestine*），《社会科学学报》（*Sociological Review*），1932 年 10 月，第 24 期。

8. 指 1925 年。——译者注

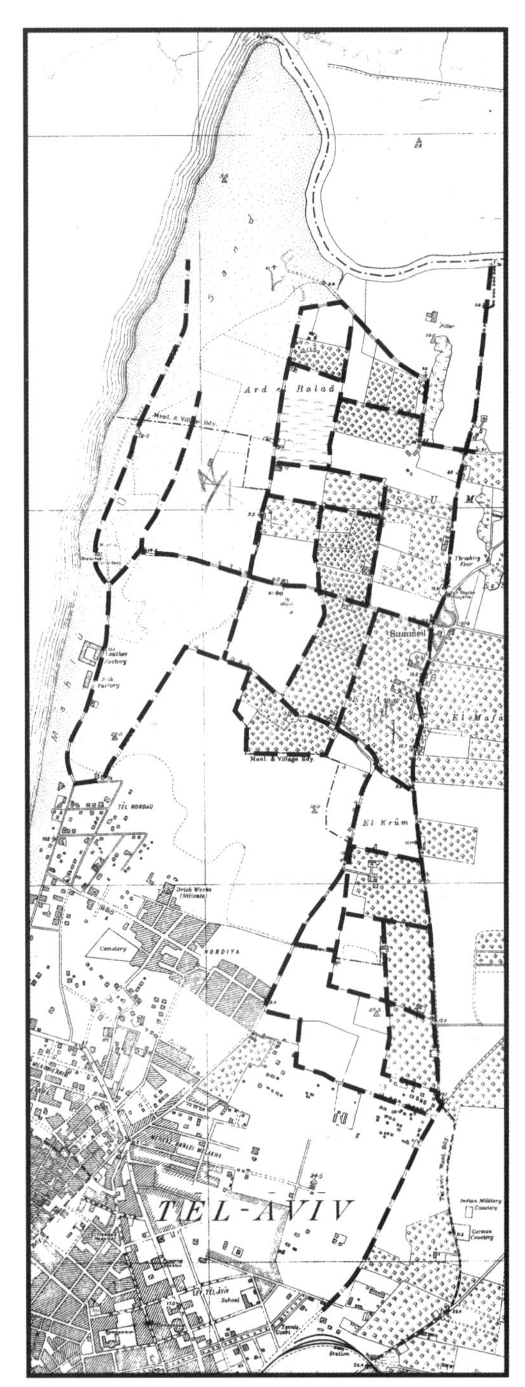

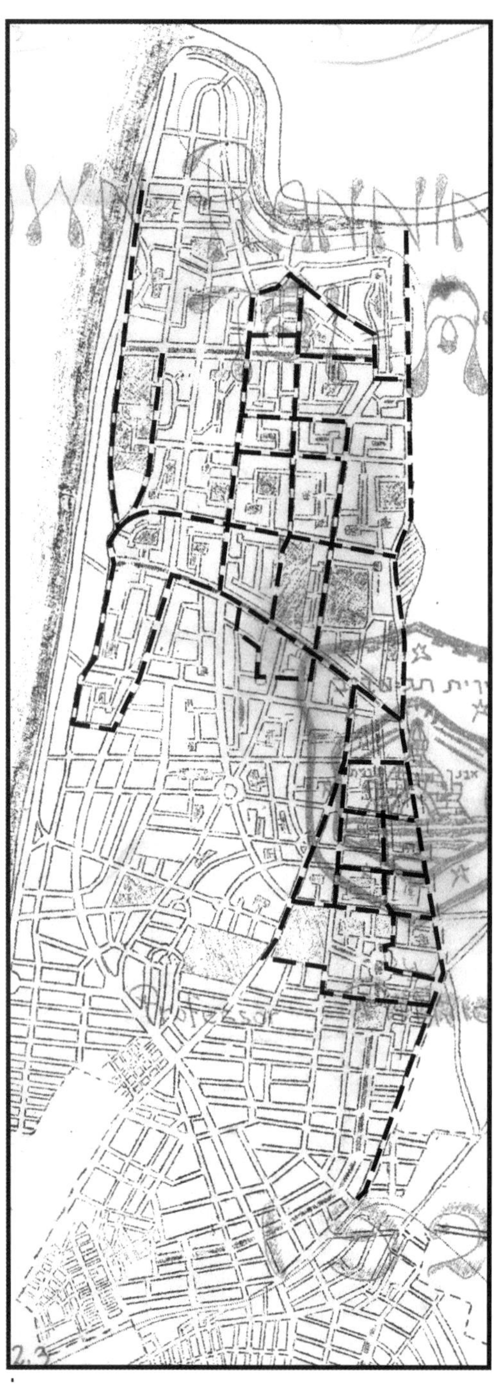

网状结构的相似性

左图：1925 年已有的地块界线和小路。（CWR，来源：1925 年地图，HUC）

右图：1925 年 6 月盖迪斯规划的道路网。（CWR，来源：盖迪斯的草图，GD）

以文字和图纸形式提出了改进建议。长达62页的书面报告是他于1925年5月至9月撰写并用打字机打出来的，还手绘了比例为1:2 500的城市规划平面图，一部分完成于5月，另一部分完成于6月。该报告现保存在耶路撒冷的犹太国家图书馆，封面上有该规划草图的唯一手稿。

“现代”城市规划手法

1925年6月初，盖迪斯还在构思规划方案的时候，市长请他研究排水问题。此事促使盖迪斯建议市政府技术局重新考虑已有规划布局，他认为原来的方案过多采用了与海岸线垂直的道路，这样会大大增加预算负担。从1925年6月7日开始，规划师的工作主要是“减少新建道路数量、减少规划道路数量”。

减少道路数量、降低道路密度的手法完全合乎20世纪上半叶的城市规划思潮，符合雷蒙德·翁温在此领域的理论[9]，就像其改进德国柏林工人街区高密度道路的做法。这种做法改变了城市道路结构，减少因拥挤而造成的人口高密度、肮脏的居住环境和危险。

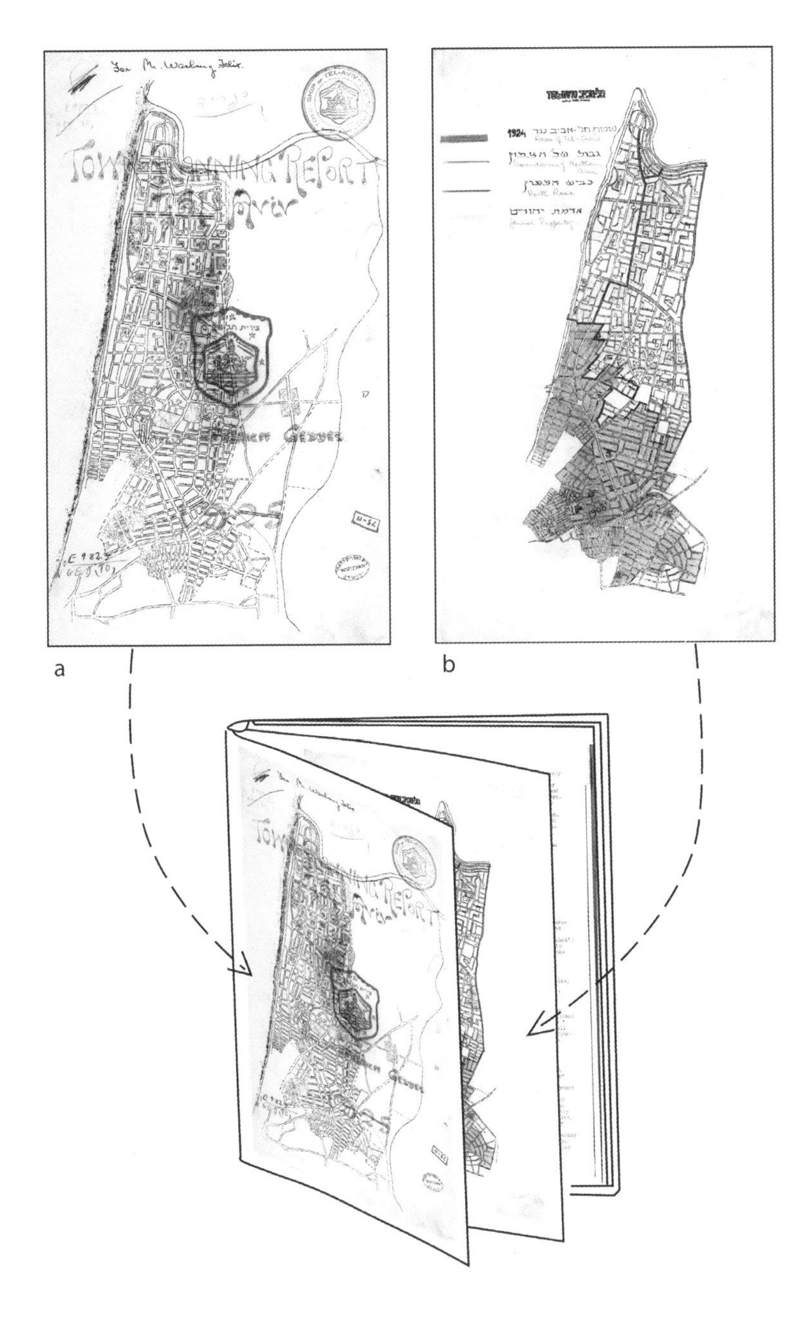

帕特里克·盖迪斯报告中的两页，目前能够确定的唯一真迹属于Felix Warburg（JNU）。
a. 封面：盖迪斯1925年6月的规划草图；b. 首页：赫茨尔·福兰考1925年7月绘制的平面结构图。

9. 翁　温（Raymond Unwin，20世纪初著名的规划理论家，发展了田园城市理论并参与卫星城建设实践——译者注），1922年。

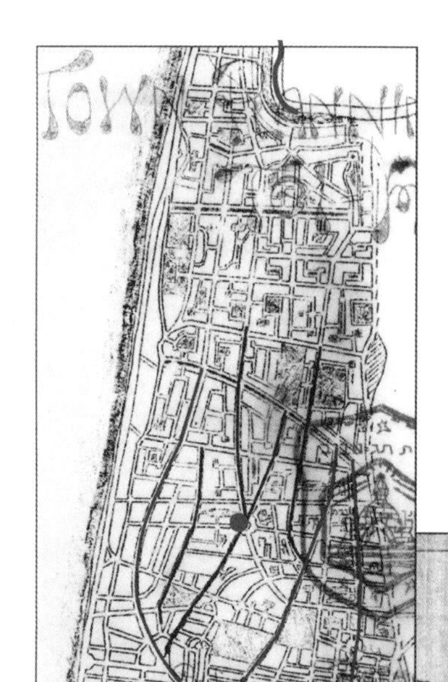

盖迪斯关于增加南北向道路的设想。

左图：1925 年盖迪斯的道路规划方案（来源：城市规划草图，GD）。

下图：1924 年规划的道路（来源：“特拉维夫拓展图”，CZA）

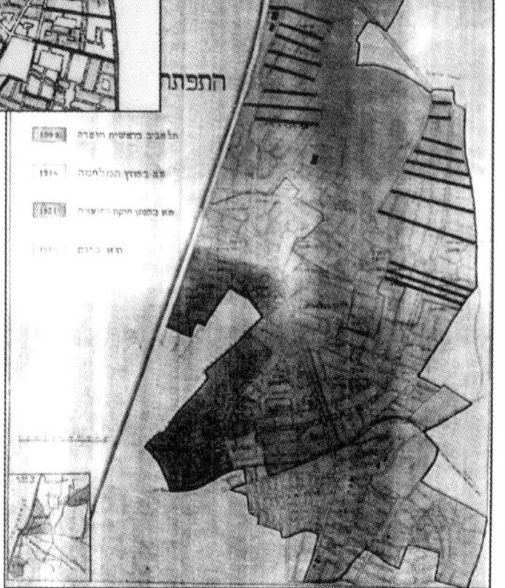

盖迪斯关于减少东西向道路的设想。

左图：1925 年盖迪斯的道路规划方案（来源：城市规划草图，GD）。

下图：1924 年规划的道路（来源：“特拉维夫拓展图”，CZA）

盖迪斯参照申菲尔德和 A. Y. 布拉沃（Avraham Yacov Braver）的图纸标注了所有已购置土地，还提出要改变特拉维夫北部已购土地的规划方案。

规划伦理

盖迪斯认为城市规划伦理学必须考虑土地的因素。他继续完善了“保守式外科手术”（chirurgie conservatrice）理论[10]，除了在印度，他还曾在爱丁堡的拉姆齐（Ramsay）花园项目亲自实践了这种理论[11]。关于该理论有两点要说明：首先该术语与人体医学有关，彰显了规划师盖迪斯本人出身于生物学家的背景[12]；其次，这种理论过于先进，以致于当时无法普及。实际上，20 世纪上半叶是城市化的大时代，像盖迪斯那样严谨的理论很难立足。无论如何，盖迪斯从未不顾实际地去谋求个人荣誉，他没有那么肤浅，他只是探求实用理论并投身于示范性实践活动。

10.“保守式外科手术”（*Conservative Surgery*）。

11.Welter，2001 年。

12. 我们注意到，同时身兼生物学家和城市规划师的情况，盖迪斯并非个案。

1926年特拉维夫新老接合部的街区。

左上：西北部的Tel-Nordau街区。（S）

左中：东北部的Nordiya街区。（S）

下左：海滨，右侧近景是位于Allenby路口的赌场和Mea Shearim街区西段，远处是Tel-Nordau街区西段，最北边是丝绸厂和皮革厂。（S）

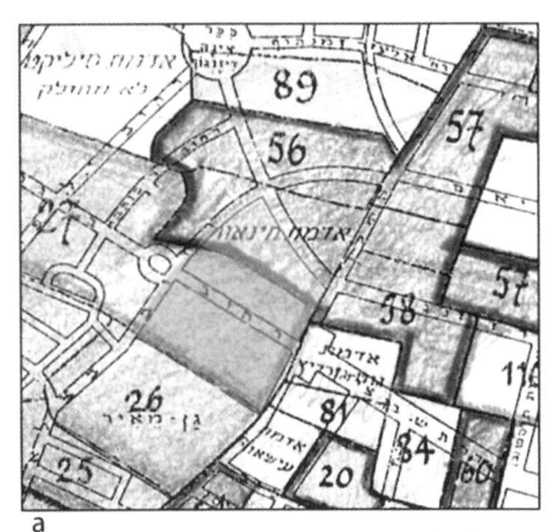

a

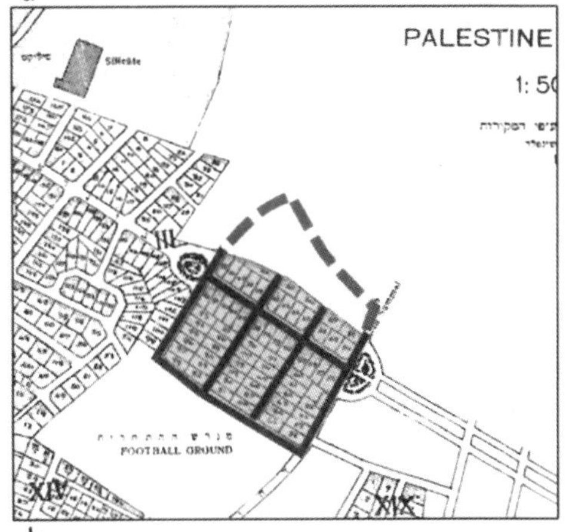

b

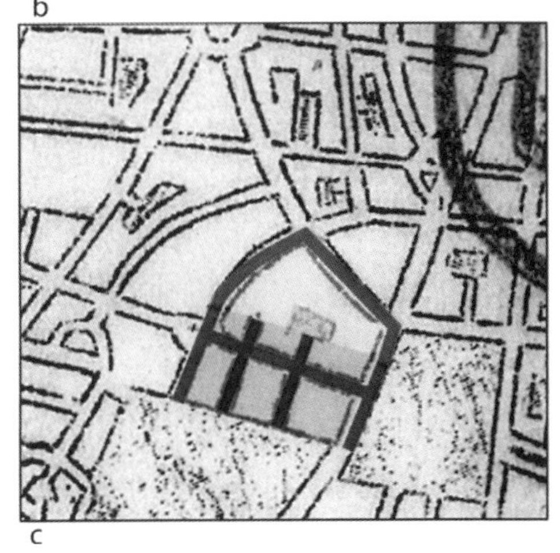

c

右图：城市如何制造：盖迪斯着力减少已规划道路数量，如位于波拉肖路以北、乔治王路和Bezalel路之间的地块。

a. 该地区分为两部分，编号26的地块已购置，1923—1924年规划。来源“布拉沃的规划图”。（BR）

b. 盖迪斯规划期间正在购置的56号地块。来源：“申菲尔德的规划图”。（JNU）

c. 城市北半区的规划方案。盖迪斯规划的现代感和细腻至今尚未得到足够的重视。来源：“盖迪斯的规划图”。（GD）

盖迪斯在特拉维夫规划中重视与已有用地的结合。仔细审视规划图，就会发现由申菲尔德方案转变而来的过程。申菲尔德的规划只涉及已购置土地，盖迪斯还预见了城市的未来拓张。比较1923年的Tel-Nordau街区规划和盖迪斯在其他街区的规划方案，就能看出以前划分土地的做法与规划师理念的根本区别。以前总是沿道路划分土地并分块出售，每个地块的差别都不大，而盖迪斯的规划体系则是独立于土地购置与土地细分之外的。

按申菲尔德规划于1923—1924年购置分割的地块

按照盖迪斯规划于1925—1926年购置分割的地块

1923年申菲尔德规划的道路

盖迪斯规划的街坊界线

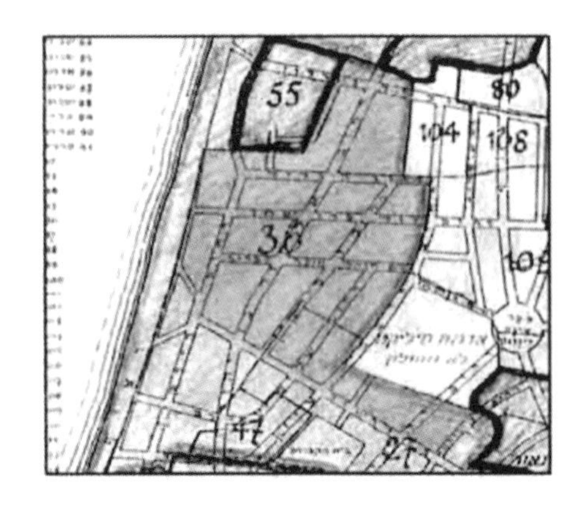

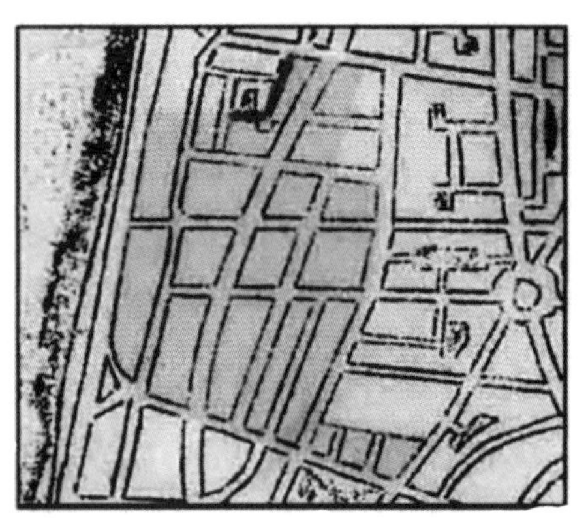

Rue intérieure du bloc de Geddes.
Térrains déjà construits en 1925.

此后，新购置的土地以一种更为巧妙的方式融入城市规划布局。以前在申菲尔德等人的规划中，新购地块界线与现有道路对齐，建筑物也是这样，相邻地块也照此重复。如果土地买卖有变化，道路就只有戛然而止。这种不合理的做法在20世纪20年代的城市规划中经常出现。显然，这种方式增加了很多不必要的道路，还增加了成本，盖迪斯为此感到惋惜不已。

没有规划，道路只能跟着地块的形状和位置延伸、分叉、改道、中断，盖迪斯认为应该解决这个问题。在他的规划方案中，以前变化不定的道路被总体规划道路网所代替。新的交通干道与现有主要道路连接，为用地划定边界，“街坊”（blocks）则由小路隔开。其实，有些街巷就与新购置的地块边界平齐。城市已建区与今后的发展在街坊层面就有机地衔接起来，而不只是沿着道路蔓延。城市空间布局不再受限于技术或土地投机，而是开始跟着规划走。

有机体、生物学、疏解拥堵、诊断和治疗，这些现代城市规划的主题词都出现在盖迪斯所从事的特拉维夫规划工作中。

当时，大多数规划师都孤立地看待人的需求，甚至产生了剥离背景的抽象人（homme abstrait）理论。而盖迪斯恰恰相反，他的规划实践是以活生生的人为核心，因其尊重历史，更显历久永恒。

以人为本 为人服务

盖迪斯借助手头资料获取特拉维夫的已有信息，他有已购土地记录图和市政府技术局刚刚完成的规划图，还有一张比例为1:1 000极精确的底图。图纸太精确，也太大了，以至于要缩小了才能用。他伏案绘制的那些关于土地、道路交通和起伏地势的规划图是否实用呢？

城市规划是如何形成的。盖迪斯按照市政府的指令，结合了已有街区、正在建造的街坊和尚待规划的地块（无论土地是否已购），如Tel-Nordau街区。

从上至下：编号36的地块南部于1921年购置、北部于1923年购置；1923年，南部地块边界线已划定，北部只有部分划界；1925年，南部的建筑物在建，而北部尚未建造。图纸显示盖迪斯已经综合了这些信息。36号地块与之后所购置地块的边界线在街坊的中间位置，沿着道路。因此，城市规划基于地块细分，但取代了简单的地块划分和土地投机。
来源（从上至下）：布拉沃规划图（BR）；申菲尔德规划图（JNU）；1925年记录图（HUC）；盖迪斯的规划草图（GD）。

左图由上而下：盖迪斯的街坊内部道路；1925年已建造的街坊。

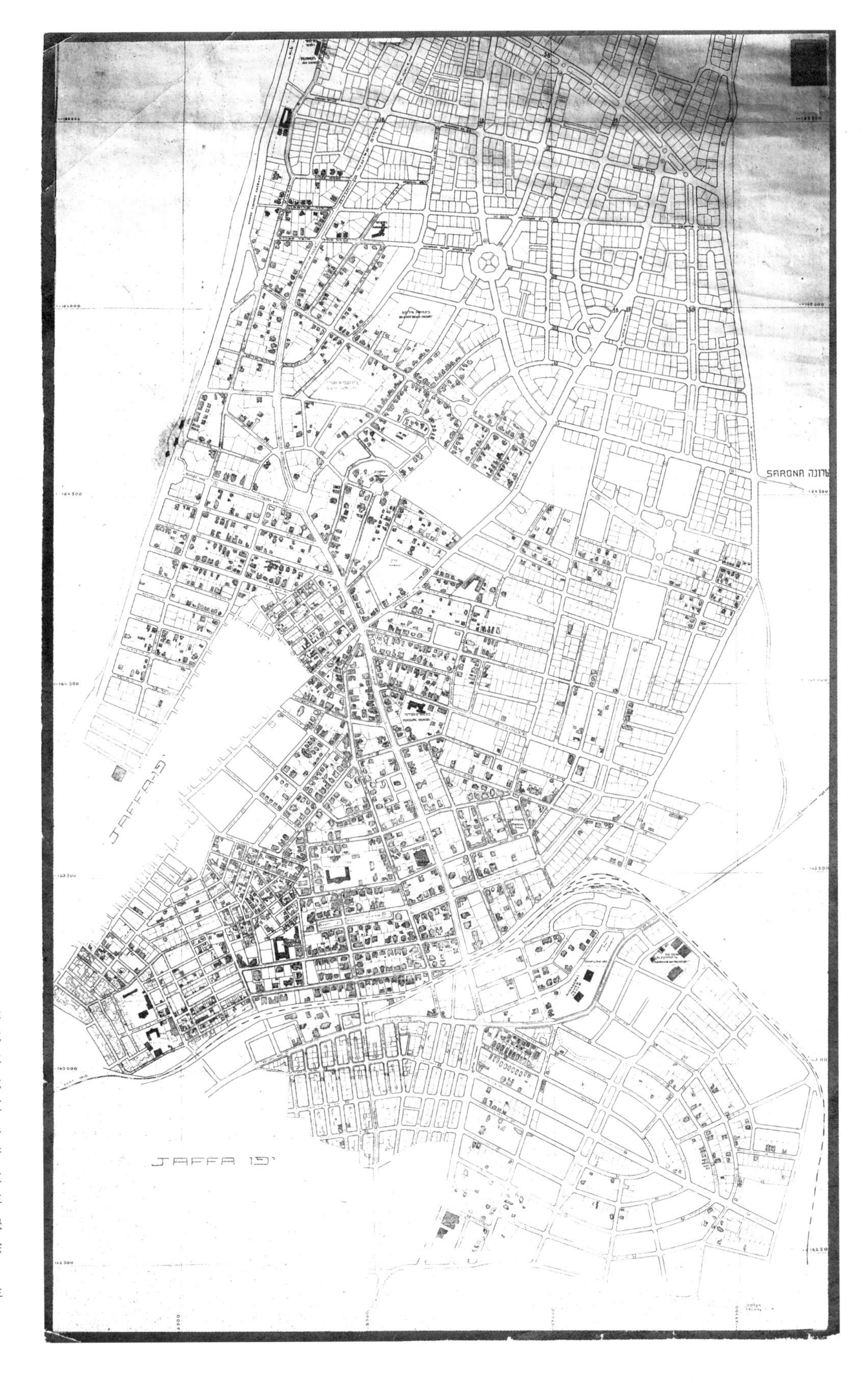

盖迪斯规划的南部和特拉维夫已建区的分块土地平面图，比例很可能是 1:10 000。1925 年 5 月盖迪斯的工作底图正是与此相似的记录图。他的第一份草图一半是记录已有土地，一半是规划图。该资料是由市政府技术局的工程师赫茨尔·福兰考绘制的，很有可能是 1925 年 6 月按盖迪斯要求所做的分块土地图。福兰考已有一定的绘图经验和规划形态学的知识，在进技术局之前，他从 1920 年起就在 Steinerz 事务所工作。（PLDC）

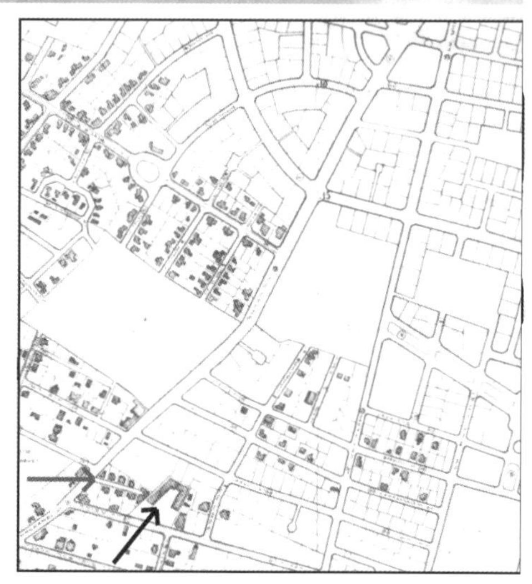

上图拍摄位置

下图拍摄位置

盖迪斯的工作资料。1925 年索斯金（Avraham Soskin）为盖迪斯拍摄的特拉维夫的联排别墅和大楼，这两张照片曾被规划师剪辑标注在图纸上。
上图：现乔治王路上的 Simta Plonit 巷子里的联排别墅，中图：Avoda 路上的楼房（SUA）。
下图：在 1925 年南部分块地图上显示的照片位置。（PLDC）

保留已有道路

比较盖迪斯的规划草图与 1878 年的地图以及英国人 1925 年的记录图，可以看出，道路规划是以现有道路为基础的。例如：苏美村至海边的两条公路旁边有公墓和伊斯兰教隐士墓，都被保留在新的规划图中了。

尊重现状土地格局

把盖迪斯的草图叠放在 1925 年的记录图上就会发现，虽然规划道路网与土地购置不直接相关，但他尊重了现状用地的基本规律。图像分析证明了他的规划原则：尽管独立于购地之外，但绝非人为拼贴在一片没有历史的处女地上。恰恰相反，盖迪斯的方案重视现状，而且处理得非常灵巧。

无论是去杂货店购物，还是去田里耕种，空间的一致性很重要。无论是遵守教规的犹太人还是传统主义犹太人，空间的一致性直到今天都还是一样的：遵守教规的犹太人在沙巴期间只能步行去犹太会堂，从而界定了邻里单元的边界。无疑，盖迪斯在生物学和城市规划学领域的双重知识背景，在人与空间的关系上得到了最佳体现。

盖迪斯的规划中提到了景观、散步、费力爬楼的妇女、快速到达医院以及孩子们在节日期间兴高采烈地在林荫道上植树等，描述了花园里散发的腐殖土味、花坛里五颜六色的各种花卉，规划了“回家之路”（home-Ways）而不是次干道，规划了“玫瑰与葡萄小巷”（rose and vine lanes）而非交通性车道[13]，很少采用布局轮廓、流量、建筑群或分地块这样的专业词汇。盖迪斯反对几何式的、生硬的规划技术，他有自己的规划方法，重视土地现状与步行感受。

13. 盖迪斯，1925：20。

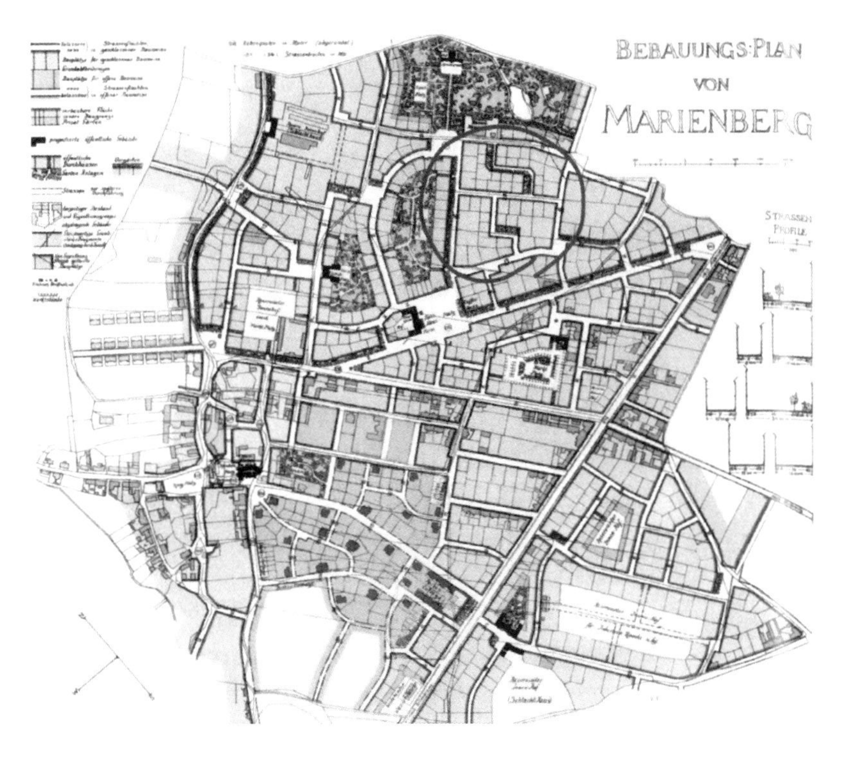

上图：盖迪斯式的街区理念来源于卡米洛·西特（Camillo Sitte）1903 年的马林贝格（Marienberg）规划。（PI）

左下：1925 年普珥日节（Pourim）特拉维夫街道上的庆祝游行。（JBK）

右图：1926 年的罗斯柴尔德林荫大道，远处是迪森高夫住宅。（S）

盖迪斯所规划的居住区都以现有农地为基础，他希望保留这一自然的网状结构。他研究了阿拉伯农田轮廓与附近犹太街区的相似之处：不管是东方人还是欧洲人，每人每天步行的距离是一样的。超过了一定距离人就会疲劳，舒适感降低，对工作不利。

规划的智慧使城市随着不断添置的土地而逐渐增长，又能使其符合规划的总体布局。此举奠定了当今城市规划师的地位，让他们能大显身手。

3. 社会计划

盖迪斯审视城市生活的象征意义和实际意义，在图面上提出了全新的规划概念，他在谋划一个适应新社会形式的新城。一方面，规划师希望打造巴勒斯坦圣地的核心，另一方面，他还深入研究了未来城市的功能细节。这一双重手法真是太棒了。

盖迪斯在附图文字中重点描述了锡安主义运动和田园城市的相似性，“全世界都可以看到，锡安主义是社会重建和城乡关系的最佳代表”。他热情奔放地在锡安主义意识形态中提到农作物崇拜（culte du fruit），并将特拉维夫规划为其代表，使其成为“到处都是蔬果的田园城市”。

像其他早期的城市规划师一样，盖迪斯强调，特拉维夫的建筑要努力寻求一种特色，即犹太风格。

“我认为，我们犹太人民，尤其是巴勒斯坦和东方犹太人，应该尽最大努力去发现美，并提高对建筑的认识和理解……”[14]

他认为锡安主义的代表城市应该是富有东方情感的，只能是希伯来式的。他把 20 世纪 20 年代的建筑描述为“出于个人狂想的一盆浆糊”[15]，认为北欧建筑与特拉维夫的地中海式气候不相适应。他也排除了现代建筑：不能在特拉维夫建造摩天大厦，这类建筑充斥着商业气息。他不希望把特拉维夫变成中东的“纽约”。

14. 同上。

15. 同上：39。

盖迪斯建议采用阿拉伯建筑和现代建筑运动的共同点——屋顶露台（le toit-terrasse），认为特拉维夫的建筑都应该使用简单的形体。实际上，斯泰斯尼（Wilhelm Stiassny）早在巴依特规划中就已倡导这一点。屋顶露台筑有雉堞状矮墙，能彰显建筑形体的简洁，英国巴勒斯坦公司员工所住的街区就是这种设计。盖迪斯散步时注意到了这种带有屋顶露台的建筑形式，并建议再造一间有蔓藤绿廊环绕的辅房。直到今天，这些屋顶露台、蔓藤绿廊和“辅房”依然是特拉维夫的温馨所在。

左上图：盖迪斯认为适合特拉维夫的建筑形式：英国巴勒斯坦公司的员工街区，1926年。(S)

右上图：特拉维夫西南部迪森高夫广场周围，1938 年。（CZA）

中图：街坊式居住单元所围绕的公共花园。

下页图：如图所示位置：该街坊位于迪森高夫广场东南（原文疑有误，应为西南。——译者注）。（SI）

邻里单元

规划师不断思考最佳解决方案。盖迪斯将按照他著名的“社会调查”方法来编制规划，以街区居民的实际需求和人的行为作为出发点。在需要开车的地方安排主干道，在适合步行的地方设计一条“回家之路”，在陪孩子去广场的路径上精心组织一条散步小径。他的城市愿景充满了人们的面孔、态度、不同行为方式和快慢节奏，让人不禁联想到伯纳多·萨奇尼[16]关于城市交响乐的比喻：

“城市与当代社会就像是按照各自的时间、各自的‘固有节奏’、单独和共同的自由思想而谱写的多主题交响乐，既现实又虚幻。”[17]

16.Bernardo Secchi，意大利建筑师，与帕拉·维加诺（Paola Vigano）一起参与萨科齐总统主持的大巴黎计划。——译者注

17.《关于城市规划与社会》（*De l'urbanisme et de la societe*），2004 年 6 月 30 日伯纳多·萨奇尼（Bernardo Secchi）在法国格勒诺布尔第二大学（Universite Pierre Mendes）被授予名誉教授称号时所作讲座（来源：网络资料）。

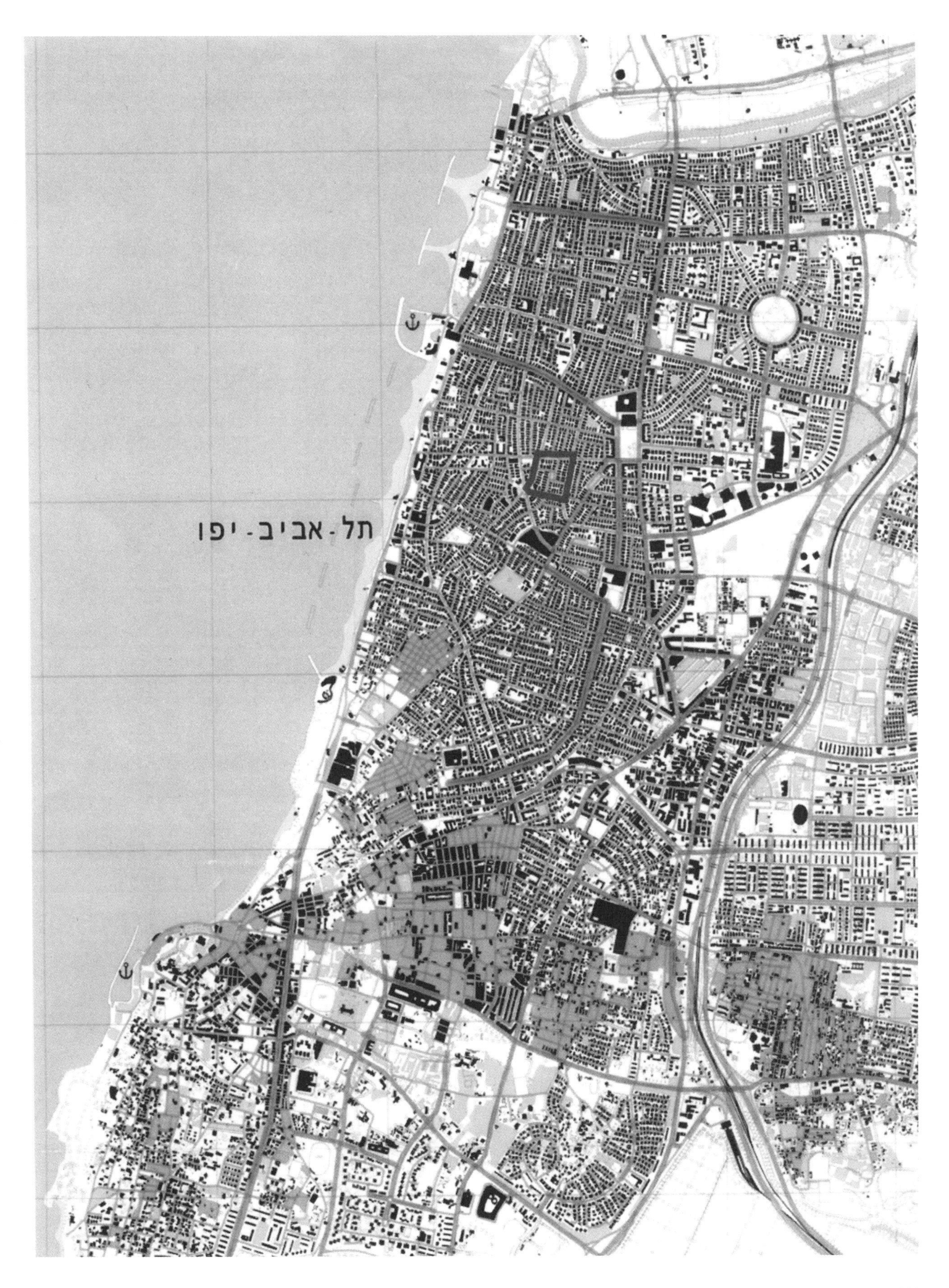
תל-אביב-יפו

左图：1926 年的罗斯柴尔德林荫大道，欧式新城、地中海式风格。（S）

右图：2004 年的罗斯柴尔德林荫大道。（JMP）

保守传统的规划者会觉得这与技术型的规划方法相去甚远，街区应该以栅栏为界定标志。有没有可能换一个角度来解读“盖迪斯规划”？

盖迪斯认为，约 20~80 户家庭是城市里比较适宜的居住单元，各家庭和邻居们容易形成邻里关系。人们每天会在书报亭、面包房和学校门口碰面，在马路上偶遇，所有人都相互认识。这种简单惬意的模式构成了日常生活的快乐，每年还有固定的传统节日。犹太人喜欢这样的生活。盖迪斯抓住了这一点，他的“居住街坊”（housing block）就是邻里单元，犹太人所希望的正常生活状态就适合这种形式。新的交通干道与现有道路相连并分隔各街坊，其间有小街巷穿过，街坊里有公共的中央空间，如儿童花园、学校、网球场。

盖迪斯的规划奠定了新生代犹太人的自由生活空间和城市社会结构：

“新生代犹太人与以前‘隔都的孩子’完全不同，他们是有宗教生活的新犹太人，尽管这样有可能激起反犹主义者的仇恨。为这些自由茁壮成长的新一代人规划城市，而不仅仅是保护老一代犹太人，这真令人感到高兴和自豪。”[18]

盖迪斯还写道：“无论如何，住宅设计的首要目标是孩子们的幸福生活。”他揭示的一个普遍原则就是，新城一定要对新“犹太人”和老“犹太人”的妈妈们有吸引力。[19]

18. 盖迪斯 1925 年 4 月 3 日《致维克多和席碧拉的一封信》（*Lettre adressée à Victor et Sybilla*），来自耶路撒冷锡安主义办公室 Van Vriesland 处。（NLS, MS 10557/ff263）。

19. 盖迪斯，1925：16。

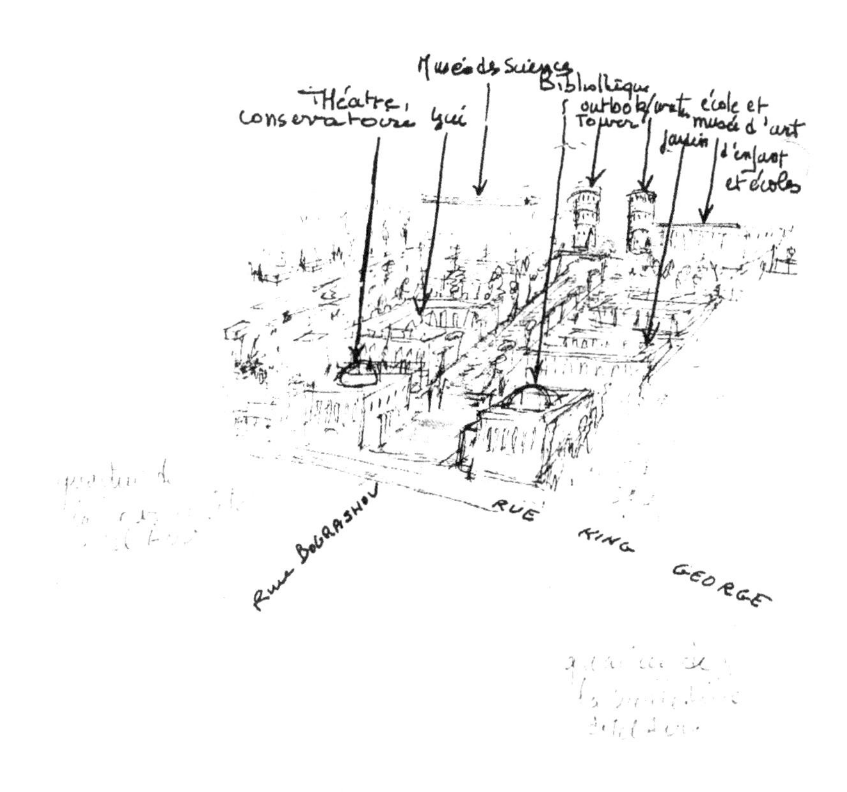

盖迪斯于 1925 年 6 月为特拉维夫“新城”所想象的文化双卫城，在 1926 年的规划报告和图纸中均有详细描述。（CWR）

双卫城与世俗圣地

在雅法城外创建首批犹太街区的宗教大家族，如泽戴克街区的舍罗社家族，他们的住宅内部建有犹太会堂（synagogue）。与这些家族不同，特拉维夫新城的建设者们并不是传统的信教者。即便其中一部分人是，他们所希望创建的社会礼仪也与传统的不太一样。虽然一年四季都有犹太传统节日，周六也还是安息日，但犹太会堂不再是城市里最重要的建筑物。盖迪斯认为，对锡安主义关于犹太人城市精神中心的问题，文化机构才是答案，而不是犹太会堂。

他为特拉维夫构想了双卫城。一天，他在梅尔（Meir）公园散步时远眺西北方向，心中想象着双卫城的样子。规划书描述了他的构想：现在的本 · 锡安（Ben Zion）大道两侧种着行道树，沿着柔缓的斜坡伸向高处。在其低处应该安排由剧院和图书馆组成的市民中心，中部是高中、小学校和儿童游戏场，高处北边是科技博物馆、南边是学校和美术馆，两者中间是盖迪斯规划的水塔和“观景塔”（Outlook tower）——他那著名的观景塔。

文化双卫城并未按照盖迪斯设想的完全实现，但还是建成了一部分。在高处他原来安排博物馆的地方，后来建造了一个大广场，上面有哈比玛[21]剧院，现在广场上又新建了曼恩大礼堂[22]，以色列国家爱乐乐团常在此演出。对于特拉维夫人和以色列人而言，这里是神圣的地方，已成为以色列文化生活的高地。

盖迪斯在这张薄薄的“纸”上搭建出了一个“犹太社会”（Societe des Juifs）的基本框架[20]，人们在那里居住并形成一定的社会关系。他的规划迎合了锡安主义者的理想，邻里单元成为有着永恒生命力的街区细胞。能够住在这座犹太新城，成为人们当时的一种理想。接下去就是培养犹太公民，以建立犹太国家。盖迪斯应该没有考虑过犹太新人如何成为犹太国家的公民，不过，他理解城市市民的重要性并为之奠定了坚实的基础。

20. 赫茨尔，1969 年。

21.Habimah，一为 Habima。意为犹太民族的。——译者注

22. 曼恩（Man），以捐赠者 Frédérick Mann 的名字命名。曼恩是出生于俄国、主要生活于美国的一位犹太商人、政治家和外交家，1987 年去世。该礼堂已于 2012 年更换为新捐赠者的名字。——译者注

左上：1935 年建成的哈比玛剧院前的“壮丽景观”。（P）

左下：今天的“卫城”位于原先规划的位置，近景是 2006 年翻修的哈比玛国家剧院，稍远处是 1950 年建成启用的曼恩大礼堂，以色列国家爱乐乐团所在地，正在进行翻修。（P）

右上：哈比玛广场喷泉。（JMP）

盖迪斯并未亲自绘制特拉维夫的规划图。除了留在现场的草图，并不存在由盖迪斯手绘的总体规划原始图纸。这些草图定义了城市的结构和功能，规划了不同等级的道路和空间布局。草图已很详尽，为随后的两份规划资料提供了足够信息。

第一份是 1925 年盖迪斯规划草图的摘要版，是当年 8 月向中央规划委员会递交的第一份文件，当时还附有规范汇编，这些资料最终构成了 1925 年特拉维夫城市规划的资料档案。

第二份是将规划草图细化落实为分地块的用地规划图，也就是 1925 年盖迪斯分地块用地规划图，但该图从未提交给中央规划委员会。该图于 1926 年 5 月发布，作为特拉维夫 1926年城市规划资料档案的主图（第 1 号）。

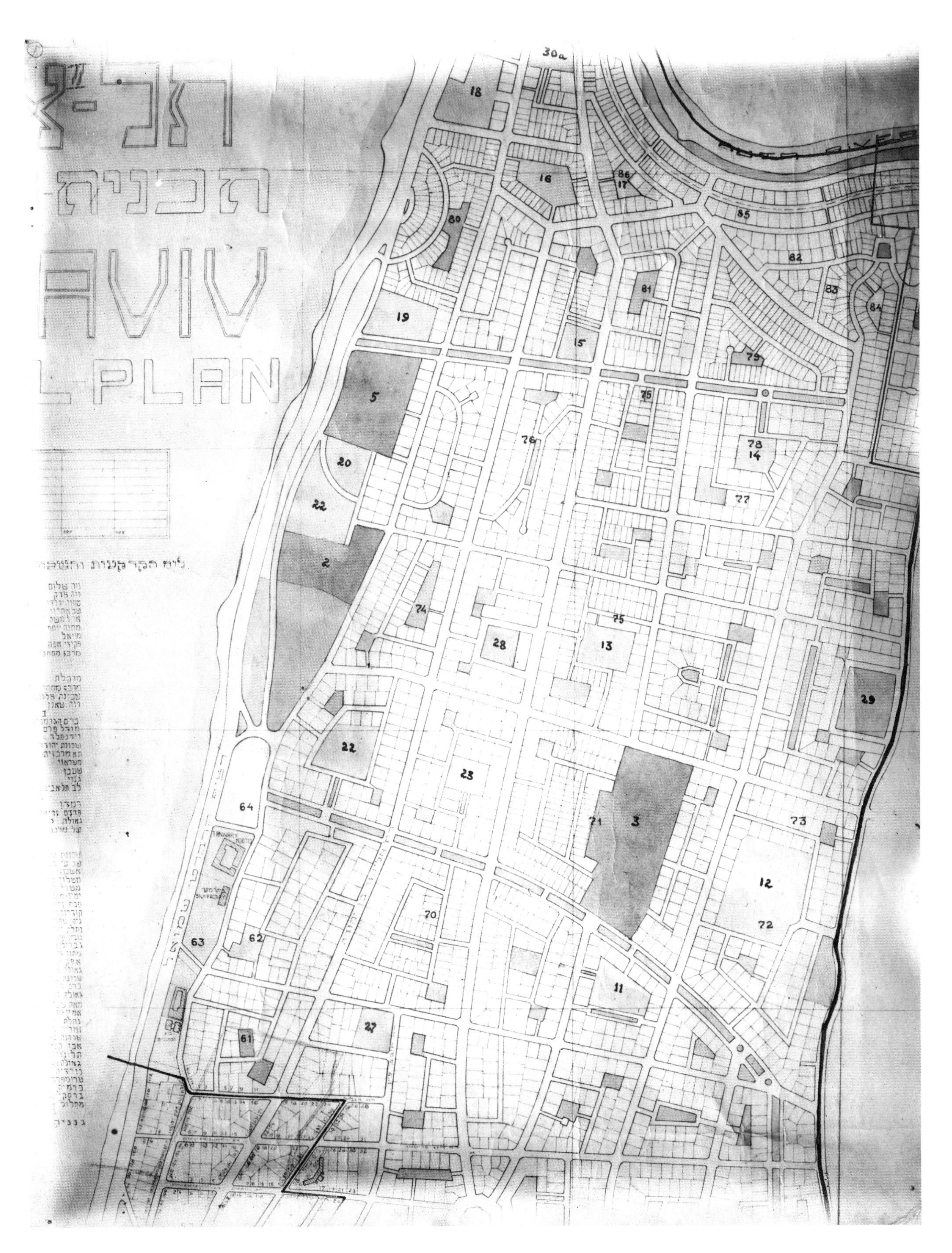
AVIV
L PLAN

美观的新城和民族身份的形成：1932 年普珥日在特拉维夫各条街道上游行的节庆活动。(KA)

1932 年，帕特里克·盖迪斯逝世[23]。他可能并没有料到，他的规划理念最终催生了这座新城。那时，他和学生们一起用树棍在沙土上比画，在荒漠里漫步遐想，眼中仿佛已有那些即将矗立起来的文化建筑的影像。

1925 年夏季、也就是规划草图完成之时，盖迪斯的梦想开始在迪森高夫市长的努力推动下逐步实现，公路和广场延伸至亚孔（Yarkon）河，一步步地打桩、平整、铺石。

20 世纪 20 年代末，即使 2/3 的“居住区”还只是帐篷式的，新城已开始逐步形成。就在沙地上，就在脑海里，就在规划图上，新城准备登场了。■

前页与后页：“特拉维夫总体规划图”之盖迪斯分地块规划图（局部），特拉维夫市政府技术局，由内迪维和福兰考（Herzl Nedivi / Frankel）于 1925 年 9—12 月间绘制，1926 年 4 月 6 日由特拉维夫地方分委员会审批。两张 24 厘米 ×30 厘米大小的照片是留至今日关于此图的唯一证明。前页为该图北部、后页为其中部。(PLDC)

23. 逝于法国蒙彼利埃，去世前不久被授予爵位。——译者注

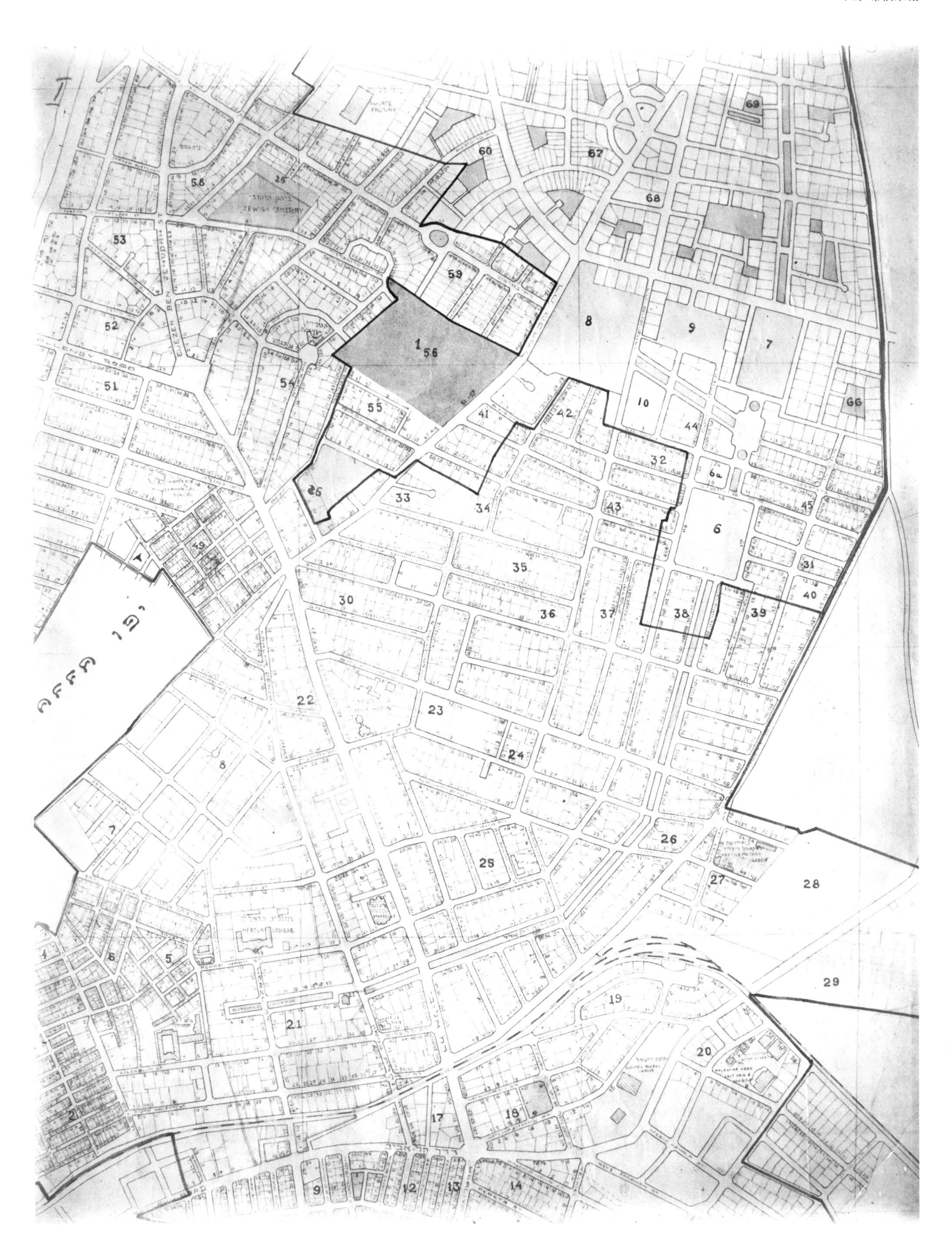
JEWISH CEMETERY
ALLENBY ROAD
BEN JEHUDAH ST
HERZLIA COLLEGE
60
67
68
69
58
25
53
52
51
54
55
59
1
56
8
9
7
10
44
66
41
42
32
6a
6
43
45
33
34
35
26
49
30
36
37
38
39
31
40
22
23
24
26
27
28
29
19
20
21
17
18
9
12
13
14
2
4
5
6
7
8

七、勾勒城市

右页：雅法与特拉维夫图，位于特拉维夫的巴勒斯坦测绘局，1932 年绘制、1935 年 10 月局部修正、1938 年增补，比例为 1:10 000。（TAU）

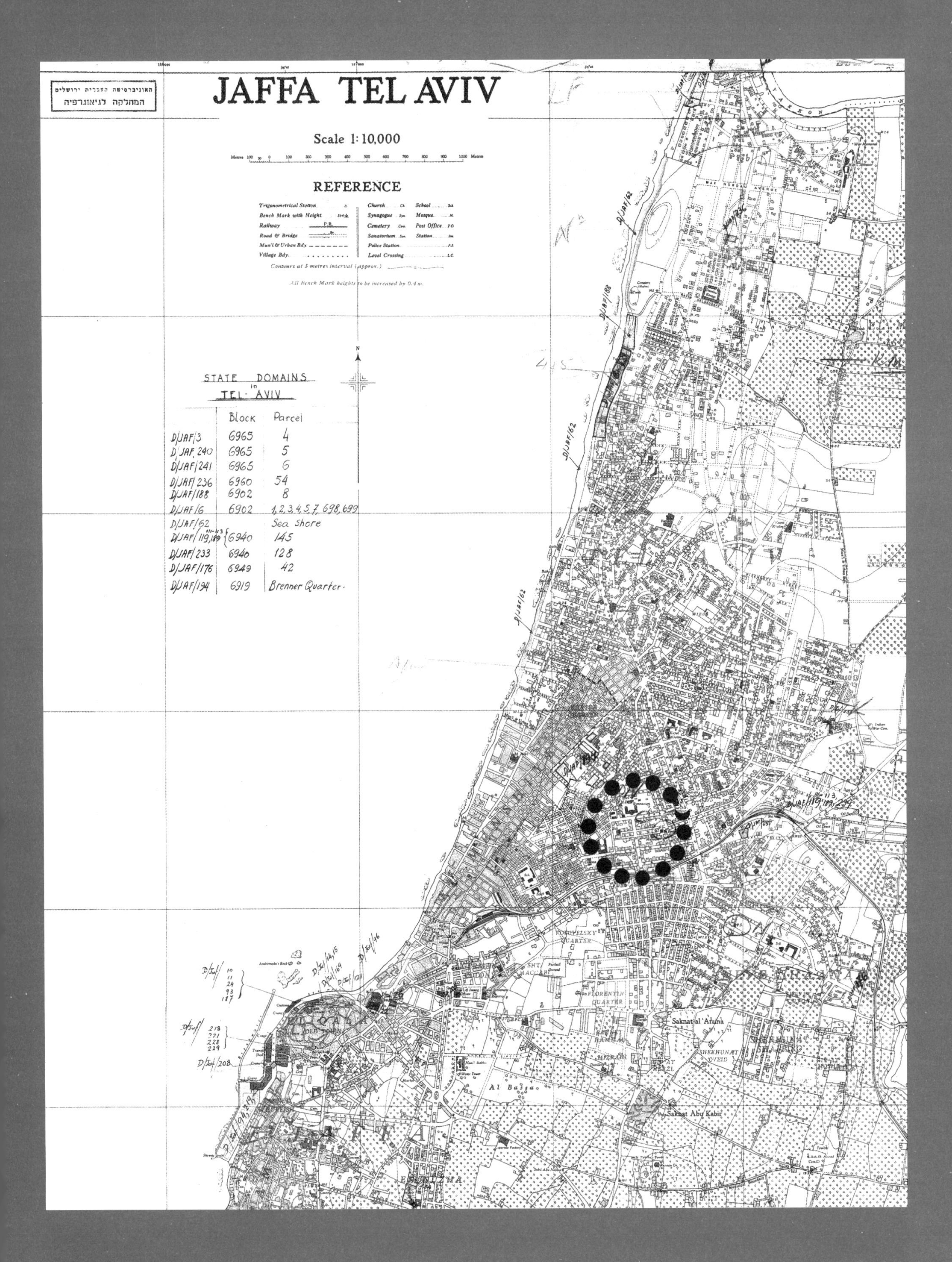

האוניברסיטה העברית ירושלים
המחלקה לגיאוגרפיה
JAFFA TEL AVIV
Scale 1:10,000
Metres 100 50 0 100 200 300 400 500 600 700 800 900 1000 Metres
REFERENCE
Trigonometrical Station
Bench Mark with Height
Railway
Road & Bridge
Mun'l & Urban Bdy.
Village Bdy.
Church Ch.
School Sch.
Synagogue Syn.
Mosque M.
Cemetery Cem.
Post Office P.O.
Sanatorium San.
Station Stn.
Police Station P.S.
Level Crossing L.C.
Contours at 5 metres interval (approx.)
All Bench Mark heights to be increased by 0.4 m.
N
STATE DOMAINS in TEL-AVIV
Block Parcel
D/JAF/3 6965 4
D/JAF/240 6965 5
D/JAF/241 6965 6
D/JAF/236 6960 54
D/JAF/188 6902 8
D/JAF/6 6902 1,2,3,4,5,7,698,699
D/JAF/62 Sea Shore
D/JAF/119,189 111-113 {6940 145
D/JAF/233 6940 128
D/JAF/176 6949 42
D/JAF/194 6919 Brenner Quarter.
D/JAF/62
D/JAF/188
FLORENTIN QUARTER
Saknat al 'Arama
SHEKHUNAT OVEID
Al Bassa
Saknat Abu Kabir
OLD TOWN
D/Jaf/208

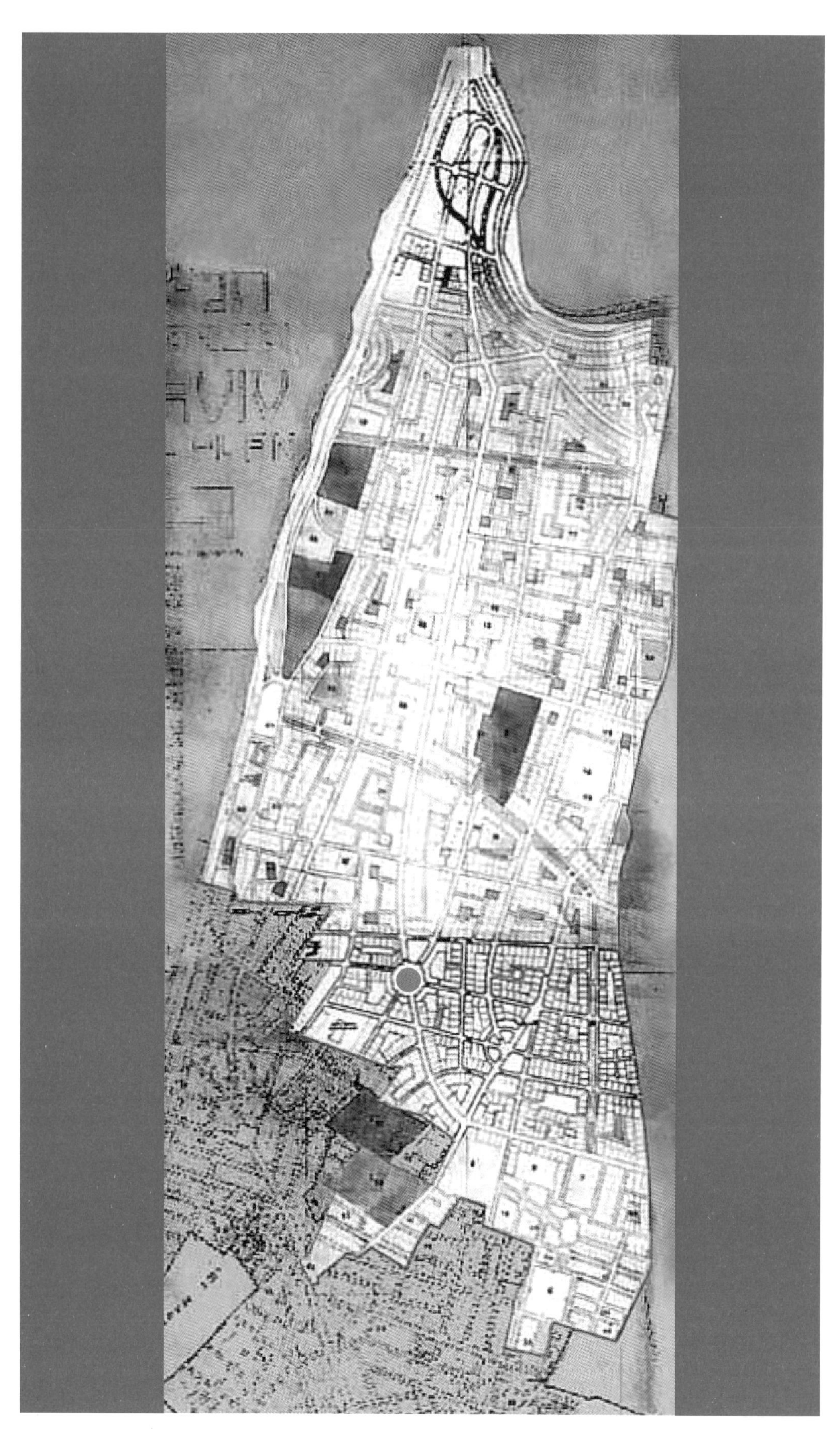

盖迪斯规划图是关于特拉维夫“白城”的第一张分地块规划平面图。此图是由盖迪斯在特拉维夫市政府技术局的助手内迪维（Herzl Nedivi，以前是福兰考）根据他的草图于1925年5月—12月间绘制而成。来源：此图北部来自索斯金相册中的最后一页（S和MAT），上、中、下为3张不同照片（PLDC，CWR剪辑，2004年）

下页图：1925年接待贝尔福爵士到访特拉维夫。右起第一人为市长梅尔·迪森高夫，第三人为锡安主义组织主席、未来的以色列国首任总统查姆·魏兹曼，第四人为阿瑟·詹姆斯·贝尔福，系1917年11月2日贝尔福宣言的签署人（发表贝尔福宣言时任英国外交大臣，1925年时已退休并获封爵位。——译者注）。“贝尔福宣言”是致艾德蒙·德·罗斯柴尔德的正式信件，11月4日正式收到，宣言寄出一周后即1917年11月9日被公开，1920年4月24日第一次世界大战协约国在圣雷默（San Remo）举行大会时由战时内阁批准生效，1922年7月24日起巴勒斯坦进入英国托管时期。（ISA）

七、勾勒城市

20世纪下半叶，同时有两套行政系统在监管特拉维夫的建设。其一是市政府，对土地很积极。其二是总部位于耶路撒冷的中央政府，对城市化“头脑风暴”闭眼不睬。最终，官僚体制的压力严重衰减了犹太市政府的热情。在英国托管巴勒斯坦的最后几年，城市建设慢下来了，相当一部分的财政自治权被收回。

1. 非法拓张

英国托管政府：先被动、后出击

阿拉伯人和英国人一样，对盖迪斯的规划方案持警惕态度。应该说，公共建筑和空间规划是很重要的，差不多占了44%的面积。但是，即便锡安主义者已经找到了解决方案，英国人还是希望对城市发展拥有更多的控制权。他们颇为担心盖迪斯规划中的大规模公共空间，如果有如此规模的基础设施，城市无疑将彻底改变规模，并给予巴勒斯坦的锡安主义犹太人街区远超其他街区的绝对优势——这一点恰恰与“贝尔福宣言”的精神相悖。

盖迪斯规划了大量公共建筑，这些设施将把小城区变成大都市，继而使已有的犹太农业定居点和城里的犹太街区都转化为现代国家的一部分，这也非常完美地满足了世界锡安主义组织所进行的新移民计划。该组织于1926年11月10日在执行署内设立了城市移民司，司长正是特拉维夫的首任市长梅尔·迪森高夫。

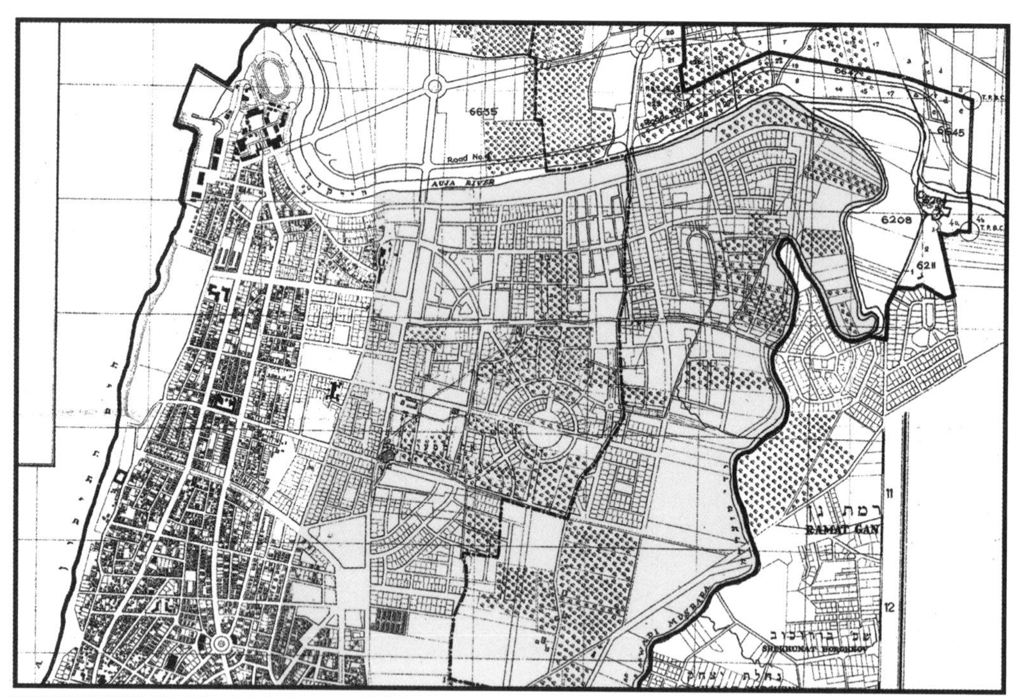

特拉维夫城区图和政府官方记录图。

上图：1943 年城市规划上未来的 Hamedina 广场街区图。（来源：ISA）

下图：1944 年政府记录图上的农业用地情况。（MAT）

1927年起，英国托管政府大幅减少了原先给特拉维夫的操作空间。首位高级委员赫伯特·萨缪尔（Herbert Samuel）的政策被批为过于保守，新任高级委员意欲重建中央政府对特拉维夫市政府的权威：

“普拉默（Plumer）爵士明确宣布特拉维夫市委员会曾经获得自治程度并不适宜。”[1]

从那往后，市政府任何开支超过10英镑的事项必须事先获得托管政府地区委员的同意。普拉默爵士认为实际上城市发展将被冻结，只能维持基本的公共服务，居民将被迫离城下乡！但即便如此，锡安主义领导人仍坚持认为，城市发展也可以不依赖公共资金，以后可以依靠私立基金会。

市政府：非正式、高效率

特拉维夫的专家一般认为盖迪斯规划启动于1938年，那一年中央政府批准了该规划。而实际上，该规划早就启动实施了，可以说，早在1925年6月盖迪斯向市长提交草图的时候就开始了。

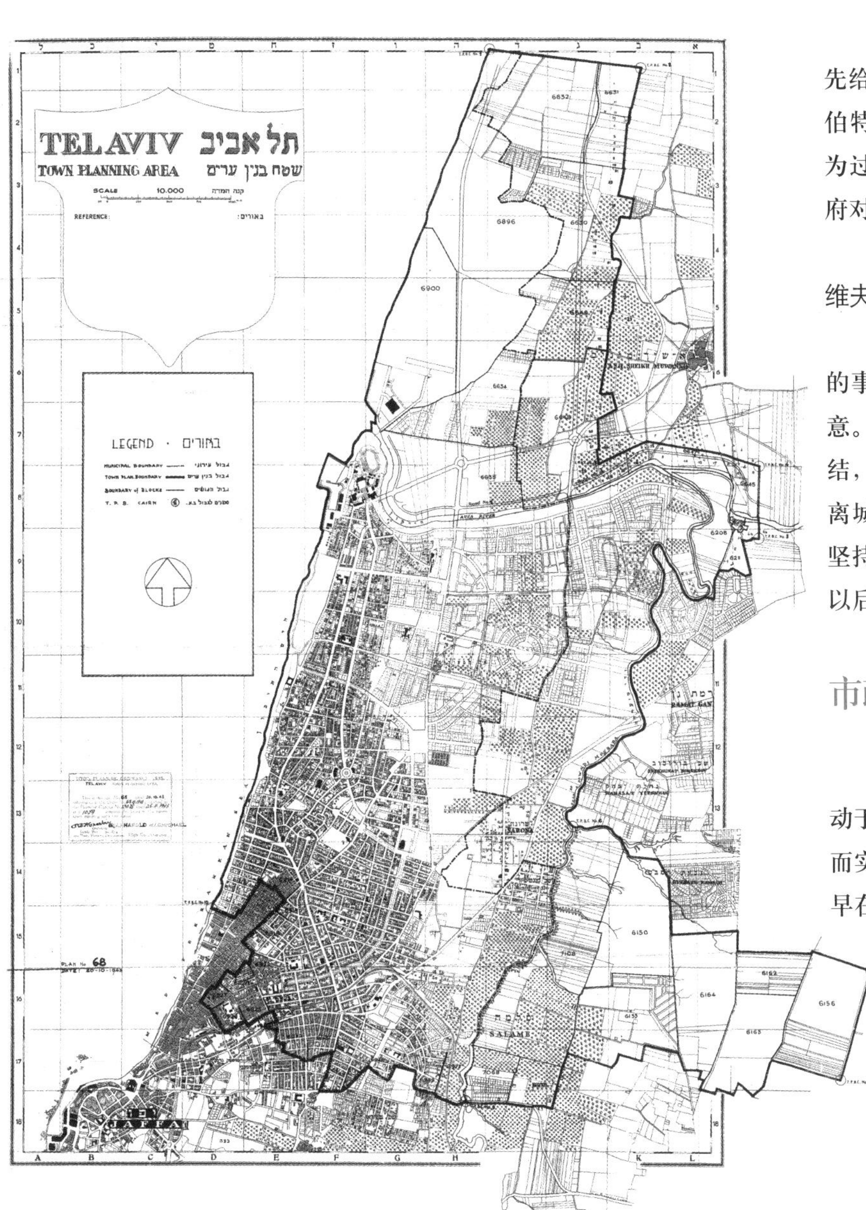

特拉维夫城镇规划区与东北部街区延伸规划，由利达地区城镇规划和建设委员会主席克罗斯比（Crosbye）与高级委员哈罗德·M.米歇尔（Harold Mac Michael）于1943年10月20日签署，比例为1:10 000。（ISA）

1. 此话是耶路撒冷的锡安主义执行委员会主席弗雷德里克·H.基什（Frédérick H. Kisch）上校在一封致伦敦的锡安主义组织的秘密信件中转述的。参阅1927年12月1日“弗雷德里克·H.基什致政治书记的一封秘密信件”第3页，伦敦戈特·鲁塞尔街77号W.C.1，抄送给查姆·魏兹曼（Chaim Weizmann）、Bavly和Sprinzak，耶路撒冷（CZA, A 107 707）。

当时，市政府下决心用足新法律赋予他们的征购权[2]，为了建设公园和自然保护区，他们有权获得或冻结土地。这种做法不仅适用于城市周围，也适用于城市行政边界之外的区域。这是由盖迪斯的建议及其规划图所激发的，他的报告一开始就提出“大雅法”（Grand Jaffa）的想法，同时还设想了“大特拉维夫”（Grand Tel-Aviv），这将城市延伸到规划的北边界线亚孔（Yarkon）河之外。

“……大特拉维夫，如果继续按照现在的速度扩展下去，将在未来几年内到达亚孔河边，如果继续发展，将拓至河流另一边的街区和移民地。”

盖迪斯的方案用城市路网覆盖了未来有可能购置的那些零散土地，其中很多是远离城市建成区，甚至远离行政边缘的居住区。“朝北”的公路是一种虚拟的延伸，突破官方行政地域的梦想之城从此展现雏形，只剩下具体的实施了。

c

b

a

左图：“朝北”的公路。
a. 盖迪斯规划图上标记为栗色；
b. 1925 年图上的位置；
c. 1930 年记录图上的位置。
（来源：a: GD, JNU; b 和 c: HUC）

右图：从混乱的简屋到整齐美观的地中海风格建筑，城市发展形成了罗斯柴尔德林荫大道。（S/YTA）

2. 特拉维夫市政府秘书长耶胡达·内迪维（Yehuda Nedivi）1926 年 1 月 12 日致当时在蒙彼利埃的帕特里克·盖迪斯的一封信（援引本杰明·海曼，1994：222，331 备注 364（MAT）），特拉维夫。

1939 年前盖迪斯规划方案的实施。
a. 1930 年的记录图。
b. 1932 年至 1935/1938 年的记录图。
（来源：a: HUC; b: TAU）

从 1925 年起，按特拉维夫市政府的要求，犹太工人们忙着在沙漠里建造新城，平路、铺石，然后浇筑水泥。因为欧洲反犹主义思潮肆虐，移民们一批又一批地涌来，大量新来的移民只能成片地挤住在海边的帐篷里，有些富裕家庭则买了土地以后建房居住。这些土地由盖迪斯的助手、市政府技术局的福兰考按盖迪斯草图绘制的分地块规划图来安排。渐渐地，地面上出现了规划师所设想的主干道、住宅区街道、小巷和花园。英国人不断讨论、重新审议、再推脱，官方审批流程拖拉了十多年，最终于 1938 年批准同意了盖迪斯的规划方案。但到那时候，一些街区已经开建十多年了。

左图：1931 年“特拉维夫及其周边”的延伸计划（译），雅科夫 · 席福曼即本 · 斯拉。西边是盖迪斯的规划布局，东边是席福曼的构想，两者有着颇为不同的表现方式。（YTA）

右图：特拉维夫规划平面图：“西部和新东部”，雅科夫 · 席福曼即本 · 斯拉，1935 年 12 月。(HBH)

2. 规划实施

如果比较一下盖迪斯 1925 年手绘的规划方案图与城市最近的航拍照片，很明显，他的计划得到了实施。实际上，这两份图纸几乎可以完美地叠合起来。市政府的总工程师雅科夫 · 本 · 斯拉（Yaacov Ben Sira）是推行该规划原则的主要行动者。

雅科夫 · 席福曼（Yaacov Shiffman），后改名为本 · 斯拉，出生于乌克兰基辅的一个宗教教师家庭，儿时在他父亲教书的一所耶士瓦（Yeshiva）[3] 中学习，1913 年移民至巴勒斯坦，改名为本 · 斯拉，在赫茨尔高中完成了中学学业。此后，先后在加利利的移民农庄做过看护员，为马卡比 [4] 犹太运动组织做过秘书，还做过公路建设工人。1921—1924 年间，他远赴伦敦学习工程，1925 年起开始以工程师的身份工作，先在伦敦的壳牌石油公司，然后在巴勒斯坦的犹太公司 Sollel-Bone，最后来到耶路撒冷的市政府。

3. 犹太宗教学校。

4. 马卡比（Maccabi），当时许多形形色色的犹太运动组织之一，其基本理念多为恢复和谋求犹太人在巴勒斯坦的生存环境。——译者注

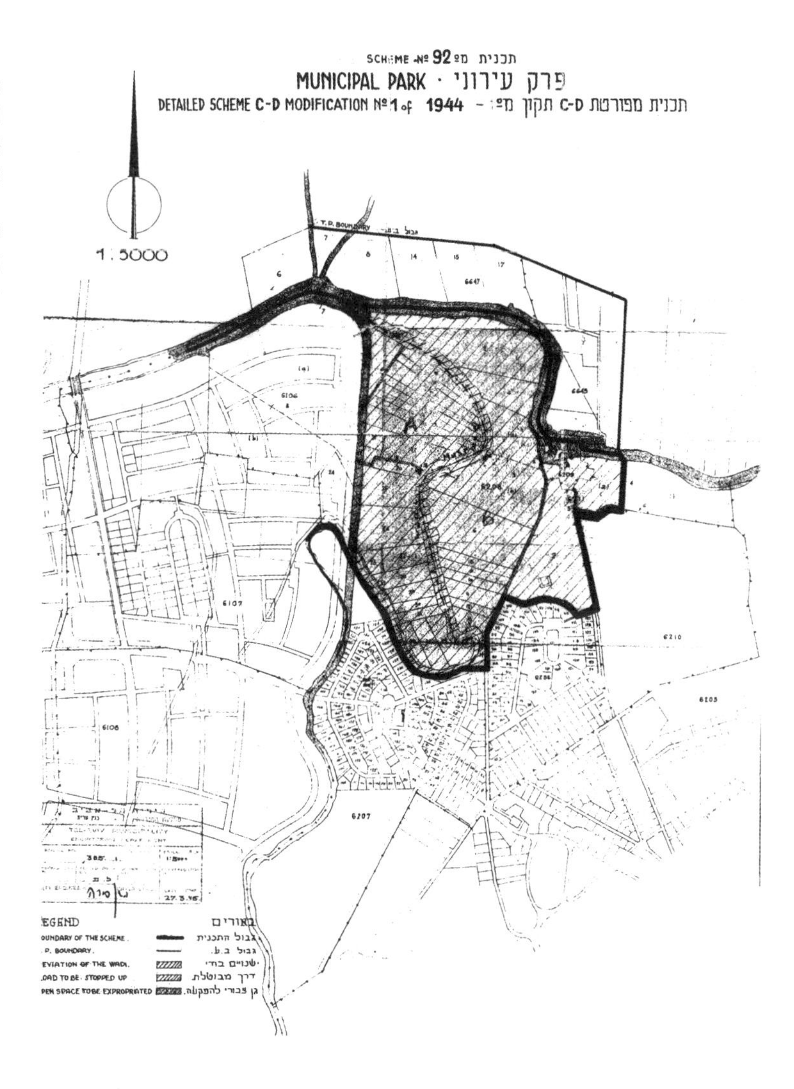

城市规划作为一种战略举措：特拉维夫市属地区内 Jammassin 与 Jerisha 用地规划图第 92 号图“市政公园”（详图 C-D 1944 年 1 号修正）。图上有“总工程师雅科夫 · 本 · 斯拉”的签章，时间是 1944 年 3 月 27 日，特拉维夫市政府 1944 年城市规划案卷摘录，比例 1:5 000。（ISA）

1929 年，本 · 斯拉被任命为特拉维夫市政府的工程师，当时盖迪斯的计划正在实施中，他巧妙地与试图再次参与规划竞赛的理查德 · 考夫曼保持了一定距离 [5]。

1937 年席福曼参加巴黎城市规划和建筑大会，参与讨论了关于紧凑型高层住宅与分散型住宅的价值比较后，他认为高楼大厦对于特拉维夫不适合。他对于田园城市理论家翁温的发言印象深刻，尤其是他的一个论述：国家层面的规划中，应该让地区委员会考虑解决细节问题，地方事务应该交给地方市政委员会决策。很容易理解，这样的论调能引起这位特拉维夫总工程师的精神共鸣，因为特拉维夫市政府的权力在犹太人手中，而国家层面 [6] 的权力那时还属于英国人。

他此次欧洲之旅还去了荷兰，更加表达出对这种理念的赞赏 [7]，他尤其欣赏阿姆斯特丹的城市发展及其 1913—1934 年间市政府的规划实施，认为阿姆斯特丹的总体规划、建筑设计、规划师和建筑师共同组成了一个非常棒的体系。虽然这位市政府公务员让考夫曼有些困窘，但他将是推进盖迪斯规划的关键人物。即使是看上去已经取消了的特拉维夫东部拓展规划，实际上也一直在建设中。

5. 雅科夫 · 席福曼（Yaacov Shiffman）1929 年 8 月 23 日致理查德 · 考夫曼的一封信（希伯来语），特拉维夫（MAT，卷宗 4 资料 2604a）。关于此主题也请参阅如下信件：梅尔 · 迪森高夫 1928 年 8 月 8 日致理查德 · 考夫曼的一封信（希伯来语），特拉维夫（MAT，卷宗 4 资料 2604a 第 40 号，1138 信箱）；理查德 · 考夫曼 1928 年 8 月 23 日致特拉维夫市政府的一封信（希伯来语）（MAT，卷宗 4 资料 2604a 第 42 号）；以及洛卡什（此处指 Shimon Rokach，一位犹太富翁。——译者注）1929 年 10 月 8 日致理查德 · 考夫曼的一封信（希伯来语）（MAT，卷宗 4 资料 2604a 第 64 号）。

6. 1948 年才正式宣布以色列建国。——译者注

7. 同 5，113-116。

3. 城市心脏

规划师盖迪斯早在1925年就已在考虑一个六边形广场作为城市未来的心脏，当时那里还只有果园和沙漠。他认为，六边形象征着人类知识的六个领域：卫生、行政、工业、运动、艺术和教育。更早些时候，早在1919年，他就曾向耶路撒冷的希伯来大学提出此建议[8]，但没有获得该大学理事会的认可。

除了这种多边形构图，迪森高夫广场的其他要素也按照盖迪斯的设想逐步形成，建筑物的位置、整体的围合形状（圆形）、功能、外观协调性等，都完全实现了盖迪斯关于新特拉维夫中心的想法。

1925年，他为建成区[9]以北的新街区所绘制的中央大街最终得以实现，这就是现在的迪森高夫路，该路通向一个广场。他对这个广场的梦想是“人行道上冠有树木”，还有长凳和音乐书店，因为“在日常生活之余，没有比在沙巴或平日晚上出门呼吸新鲜空气更好的选择了”。这件事情最终做成了。盖迪斯建议在广场周围建造四层楼的建筑物，

8. 指其校园规划。——译者注

9. 即位于现在的波拉肖路和亚孔河（Yarkon）之间的区域。

右图：特拉维夫迪森高夫广场周围的中央街区布局和首批建筑，1932年。（CRFJ，来源：1932年记录图，TAU）

左图：特拉维夫东部规划控制图Jammassin和Jerisha地区规划中的Hamedina广场。当时还未购置土地，图上标注为“低密度特别区域”。雅科夫·席福曼，1939年2月至3月。（YTA）

1934 年的迪森高夫广场地坪轮廓。（KA）

由同一名建筑师设计外立面，以确保建筑外观的协调和统一。对他而言，这是唯一可以确保城市中央良好形象的可行方式。市政府的总工程师雅科夫·席福曼·本·斯拉支持盖迪斯的观点，他说服了市政府和沿广场的土地所有者（其中包括英国巴勒斯坦银行）。

当然，困难还是不少的。首先，工程进展很慢：只有两名工人实施建造，还是兼职的。其次，行政组织有时比较奇怪：竞赛一等奖的 700 里拉（liras）没有颁发，二等奖的 50 里拉却发出去了。此外，抗议活动也阻碍了工程进展：建筑师们希望看到分地块规划能够修正，景观设计师则反对其整治原则，而那些产权所有者则因工程进展缓慢而愤慨，威胁要退出支持该工程。但是周围建筑物的建设、中央地坪的整治和喷泉的设计还是进展顺利，所有参与方都愿意参与这项象征着自治自由的公共活动。特拉维夫城市化生活的核心人物、首任市长迪森高夫非常受欢迎，他巩固了这一成果。实际上，该广场也是为了向他几年前去世的夫人兹娜（Zina）致敬。当庆祝迪森高夫市长 75 岁生日的时候，市政府的职员们决定举行募捐，作为对该项工程的一种支持。

左图：建筑师 Genia Averbuch 在 1934 年特拉维夫兹娜 · 迪森高夫广场的竞赛中获胜。（TMA）

广场自 1938 年 1 月 26 日揭幕至 1978 年转型改造，就像这座希伯来城市的心脏一样，一直跳动着。40 多年来，戴着传统黑帽的商人们，挽着衬衫袖子的工人党工人们，推着有蓬童车的妈妈们，身着短运动裤的古铜色皮肤的年轻人们，在这个令人难以置信的地方、在小径和有无花果树覆盖的人行道上流连忘返。他们经常出没于周围的电影院，或在酒馆小酌，或消夏于中央喷泉，或坐在马赛克长凳上打望过往人群，呼吸着草坪、花坛、绿色灌木和树池土壤的味道。

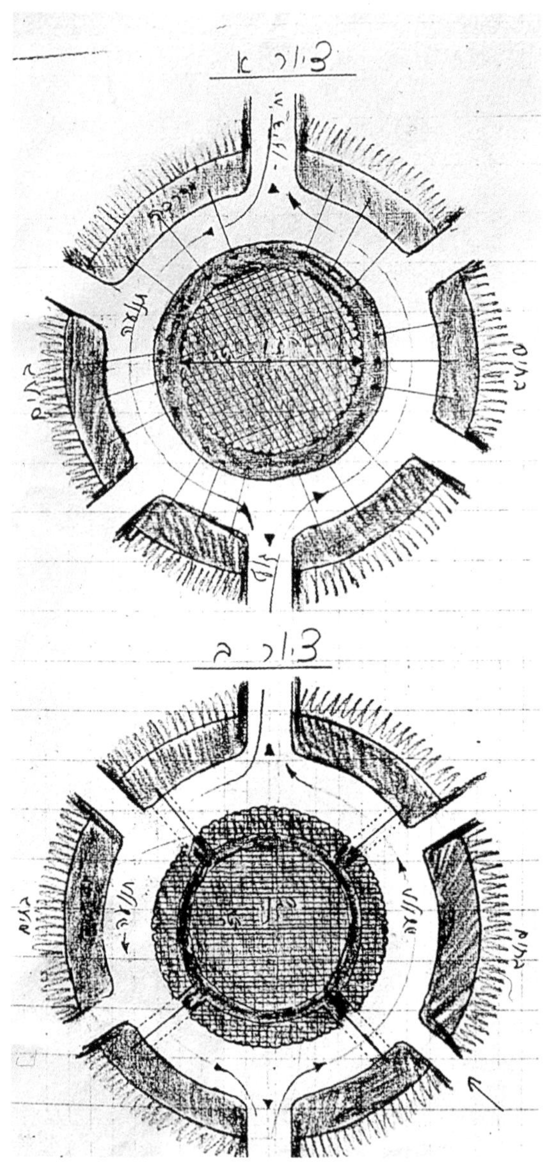

右图：景观设计师 Isaak Kutzner 于 1937 年 5 月建议把重点放在广场的景观上，但需要牺牲一些实用功能。此建议被市政府的总工程师否决。（YTA）

迪森高夫广场是一个展示巴勒斯坦地区新兴的希伯来社会的场所：通过欧式的城市化体现了对城市风貌的打造。这是正常生活状态的展现，团结一致、组织严密、富有活力，与传统阴森的犹太居住区完全不同。一幕真正的新生活场景拉开了。■

上图：1949 年的兹娜 · 迪森高夫广场。（IK）

下图：1938 年的兹娜 · 迪森高夫广场。（CZA）

八、城市建成

右页：Haguilboa 路 1 号的李宾斯基（Ribinsky）大楼，建筑师 Lucien Korngold，1936 年。(GF)

1944 年特拉维夫局部摘录图，巴勒斯坦测绘局。(MAT)

八、城市建成

右上：包豪斯教师第一箱石印作品（lithographie）《白人之家》，约翰·伊顿（Johannes Itten，1888—1967 年，包豪斯色彩与基础教育的创始人。——译者注）1920 年。（BA）

左上：包豪斯教师和画家约翰·伊顿，1920 年。（D）

20 世纪 30 年代的大规模移民运动彻底改变了特拉维夫。第五次阿里亚把奥地利人、捷克人和德国人带到城市里来，其中大部分受过良好教育且家境富裕，尤其是来自德国的犹太人还带来了巨额资金，他们是经验丰富的建设者和挑剔的私营投资家。在这些新移民中，也有毕业于欧洲巴黎、布鲁塞尔、维也纳、华沙、柏林、布达佩斯等知名艺术学校的建筑师，其中 19 人曾在包豪斯[1]学习，师从沃尔特·格罗皮乌斯（Walter Gropius）、路德维希·密斯·凡·德·罗（Ludwig Mies van der Rohe）和汉斯·梅耶（Hannes Meyer）[2]。另一些人则在勒·柯布西耶（Le Corbusier）、

左下：包豪斯学院的教师团队，中间是第一任校长沃尔特·格罗皮乌斯。（BA）

右下：Meggido 路上的卡茨住宅，建筑师山姆·巴凯（Sam Barkai）。（IK）

1. 包豪斯（Bauhaus），1919 年创建于德国德绍（Dessau），第一所完全发展现代设计教育的艺术学校，也是现代建筑运动的主要阵地，1933 年被纳粹关闭。——译者注

2. 此三人均为 20 世纪初的现代建筑大师和教育家，分别是包豪斯建筑学校的首任、第三任和第二任校长。——译者注

布鲁诺·陶特（Bruno Taut）或埃里克·门德尔松（Erich Mendelssohn）[3]事务所工作过。他们移民来到巴勒斯坦，带来了他们的理论和实践，城市中心区至今还在的约 4 000 栋建筑物正是他们的杰作，而 1934—1938 年间出版的《在近东建造与建造》（*Construire au Proche-Orient et Construire*）杂志[4]则见证了他们的理想。

1. 不完全的现代建筑
特拉维夫和包豪斯

尽管包豪斯学院存在时间不长[5]，却给 20 世纪的全球现代建筑运动带来了重大影响。如今还时兴的一些概念，如几何形式、基本功能、简洁等，都是从这所位于德国的设计学校传播出来的。形式从传统的价值观中解放出来，直至 20 世纪中期还发挥着影响，使出自技术和传统文化的装饰得以延续。因材料多样、社会变迁，装饰物因时间太久而变得过时，维也纳建筑师阿道尔夫·鲁斯[6]于 1910 年 1 月 21 日向维也纳音乐和文学学院发声，大声疾呼“装饰”就是“罪恶”。1908 年雅法城的犹太家庭聚集起来准备建设特拉维夫时，他写道：

“20 世纪的都市将是美妙的和不加装饰的，如同上天的都城——圣城锡安。”

左图：特拉维夫 Reiness 路 27 号“居住机器”大楼，建筑师 Eliyahu Kutchinsky，1935 年。（GF）

中图：包豪斯关门通告，1932 年。（BA）

下图：Reiness 路 44 号大楼细部。（CWR，1991 年）

3. 均为 20 世纪初的知名建筑师。——译者注

4. *Habinjan Bamisrah Hakarov* et *Habinyan*（希伯来语）。

5. 仅 14 年。——译者注

6. 阿道尔夫·鲁斯（Adolf Loos，1870—1933），建筑师、理论家，1908 年发表名作《装饰与罪恶》。——译者注最终，不是耶路撒冷，而是特拉维夫实现了这一愿景。

“包豪斯”一词在以色列被误解滥用，凡是 20 世纪 30 年代所建、具有国际风格的建筑物似乎都被冠以这一流行语。即便是建筑师，也有混淆特拉维夫城市化和建筑历史的嫌疑。这个词也常被拿来描述城市的空间布局，“建造”和“住宅”等词只能吸引那些背井离乡的犹太人。尽管该词被滥用，但它至少意味着包豪斯学院的理论与特拉维夫存在着某种关系。

20 世纪 30 年代的建筑被统称为“包豪斯”，可能是因为建筑师阿里 · 沙龙（Arieh Sharon）于 1976 年出版的《基布兹与包豪斯》[7]。他于 1900 年出生于波兰，20 岁时来到巴勒斯坦，与其他人联合成立 Gan Schumuel 基布兹。1926 至 1929 年间他远赴包豪斯学习并在汉斯 · 梅耶事务所工作，之后回到巴勒斯坦，并在特拉维夫开设事务所。他是特拉维夫建筑师俱乐部[8]创建时的核心人物。

伯利恒的马槽之路大楼（CWR，1994 年）

7. 阿里 · 沙龙（Arieh Sharon），同 2，1976 年。

8. 欧内斯特 · 梅（Ernst May，1886—1970，德国建筑师与规划师，20 世纪初包豪斯时期在德国法兰克福有出色实践并将其城市设计理论成功引入苏联。——译者注）和密斯 · 凡 · 德 · 罗是当时颇有影响力的成员。

建筑师俱乐部

1932 年的一个晚上，在特拉维夫一家波西米亚咖啡馆里，三位建筑师一直讨论到凌晨，想把前卫理念融入他们的建筑设计方案中。他们是阿里 · 沙龙，埃里克 · 门德尔松柏林事务所的约瑟夫 · 纽菲尔德（Joseph Neufeld），刚从巴黎来特拉维夫的、勒 · 柯布西耶的对手伊夫 · 莱奇特（Zeev Rechter）。他们受 20 世纪 20 年代在柏林成立的前卫建筑师协会的启发，宣布成立建筑师俱乐部。

朋友们很快加入到他们的热烈夜谈，有埃里克 · 门德尔松柏林事务所的卡尔 · 鲁宾（Carl Rubin）、勒 · 柯布西耶事务所的山姆 · 巴凯（Sam Barkai）、美术学院的学生 B. Tchlenov，还有很多欧洲建筑学校的青年毕业生。他们有一个共同目标，就是推动“建筑革命”（révolte architecturale），把巴勒斯坦犹太空间规划提高到现代建筑运动的水准，不再固守传统的设计原则。

建筑师阿里 · 沙龙，1930 年。(IK)

建筑师山姆 · 巴凯，1930 年。(IK)

他们渗透到已有的一些机构中，如建筑师和工程师协会、各市的城市规划委员会，他们的想法通过法国期刊《今日建筑》（*L'Architecture d'aujour d'hui*）驻巴勒斯坦通讯记者 Julius Posner 发表的文章而广为人知。这本期刊的影响力甚至超越了他们的预期，1930 年前后由阿拉伯富商在拉马拉（Ramallah）门或伯利恒门附近采用前卫风格建造的宏伟别墅即为见证。

位于Rehovot的魏兹曼(Weizmann)住宅内院有楼梯、游泳池和走廊，建筑师埃里克·门德尔松，1936年。（GF）

下页
左上：“末底改之角”（Mordecai's corner）大楼，捷克斯洛伐克印制的明信片。

左中：劳作中的犹太先驱，澳大利亚印制的明信片。（JBK）

左下：Mazeh 路 7-9 号大楼，建筑师 Yosef Berlin，1925 年。(GF)

右图：位于迪森高夫广场东南（原文如此——译者注）地块的不同平面图比较，显示了功能主义建筑的变迁。（HN）

俱乐部先期出版了十卷，名为《在近东建造——以色列建筑师俱乐部》期刊[9]，后来又出版了三卷名为《建造》（*Construire*）的专刊[10]。著名建筑师埃里克·门德尔松于 1935 年初来到巴勒斯坦，阐述了该期刊的宗旨：

“希伯来民族最宝贵的心愿就是在以色列大地建设民族之家。这项事业固然有着重要的经济考虑，但是，世界看待我们并非是靠橘子的进口数量，而是看我们的精神产品。这种精神产品尤其体现在城市的建筑风格上，它们形成了最明显的线条。

全世界都喜欢欣赏美景。全球的重要景观地都体现着人类的意愿，形式和技术融为一个整体。其中，业主和建筑师这两个方面非常重要。

只有当这两者都表现出足够的勇气和责任感，我们的事业才会成为世界的楷模。

先生们，你们的期刊应该考虑如何实现上述理想，应该教育你们的人民。这也意味着，你们肩负重任。”[11]

很难将某一特定主题与某一期刊物联系起来，但如果按时间顺序查阅该刊物，仍可看出它每年都有明确的主题，这为解读特拉维夫的建筑提供了线索。

细察特拉维夫的街区空间和建筑物，给人的感觉就是：新城出自于两种理念的结合，一是混合了各种前功能主义理念的城市化，二是源自国际风格的建筑语言。研究表明，两者非常规的结合里蕴藏着这座城市的真实历史。

9. 于 1934 年 12 月，1935 年 2 月、8 月、11 月和 12 月以及 1936 年 3 月、8 月和 11 月。

10.1937 年 8 月的《城市规划》（Urbanisme），1937 年 11 月的《别墅与花园》（Villasetjardins），1938 年 8 月的《巴勒斯坦农村》（Villages de Palestine）。

11. 埃里克·门德尔松（Erich Mendelsohn）《致<建造>的一封信》（*A Letter to Habinjan*），《在近东建造》（*Habinjan Bamisrah Hakarov*）第二卷，1935年2月：4。

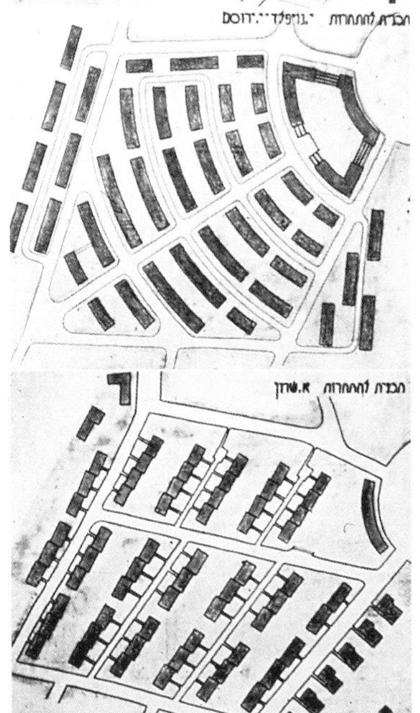

20世纪30年代初，勒·柯布西耶在谈到阿尔及尔准备拆除的海军街区时说：“世界上总该有一个地方，在密集的市中心有一整块土地完全用于建造现代建筑。”这似乎就是指特拉维夫。实际上，特拉维夫将成为“新犹太人”的现代建筑试验场，这也是在巴勒斯坦创建新生活理想的一部分。有此理想，犹太人不再只是“晚上和节日的犹太人”[12]。

尽管特拉维夫的建筑已成为现代化的旗帜，但城市规划布局还远不能算是自由。现代建筑运动的理想在基布兹得以实现，因为那里有着土地集体所有制、财产共同监管、城市化的建筑形式、引入共同建造和住宅工业化的必要性。但是在特拉维夫，盖迪斯规划所强调的地块划分等相关规定无疑已成为理性城市梦想的羁绊。

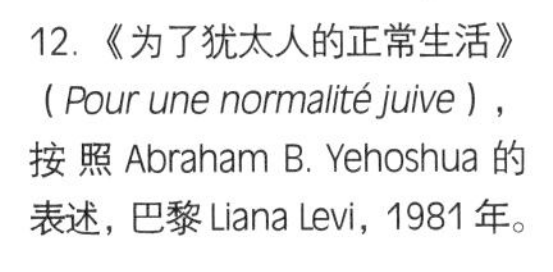
12.《为了犹太人的正常生活》（*Pour une normalité juive*），按照Abraham B. Yehoshua的表述，巴黎Liana Levi，1981年。

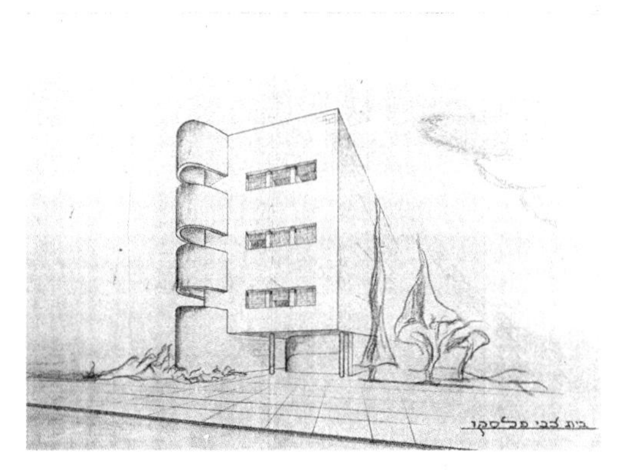

Shlomo Hamelech 路上的 Plasko 大楼设计方案，建筑师是耶胡达（Yehuda）和拉斐尔·麦格多维（Raphael Magidovith），就像不考虑基地条件的几何体和理性主义者的幻想。实际上各幢大楼相距仅几米。按照市政府城市化规定，朝向马路都是有护墙的花园。

左上图：Shlomo Hamelek 路 35 号大楼的设计方案。（STM）

右上图：1936 年建筑师 Benjamin Anekstein 设计的 Reiness 路 20 号 Haller 大楼方案。（STM）

下图：1936 年建筑师 Dov Karmi 设计的 Idelson 路 29 号 Max Liebling 大楼方案。（STM）

现代风格

1910—1920 年间，巴勒斯坦的首批犹太建筑师致力于创建犹太风格，即“希伯来爱国风格”（style patriotique hébreu）。约瑟夫·巴斯基所设计的巴依特街区赫茨尔高中就结合了欧式内部空间和东方建筑元素，如圆穹、尖拱、平顶、装饰瓦等。由亚历山大·巴埃瓦尔德（Alexander Baerwald）设计的海法市高等技术学院也是如此。

盖迪斯在 1925 年的报告中批评了这类设计作品，把特拉维夫 20 世纪 20 年代的建筑称作是“出于个人狂想的一盆浆糊”[13]，以色列人现在称之为“折衷主义风格”（style eclectique）。然而，盖迪斯不愿意看到特拉维夫成为巴勒斯坦的纽约，他反对建设摩天大楼和方盒子，积极推广住宅建设。当然，他支持从当地建筑中借用犹太元素的想法，但不建议参考现代建筑运动风格。或许是因为 1930 年时他已经 68 岁高龄了，他的想法并未引起年轻一代的共鸣。

新移民来的年轻建筑师不太可能去吸取当地传统建筑的养分。他们认为，以前的建筑类型并不符合新犹太人的理想，巴勒斯坦建筑适合阿拉伯人的居住习惯，但不适合来自欧洲的犹太移民。那些 19 世纪下半叶在耶路撒冷城墙外建造的犹太街区，如百门（Mea Shearim）街区，与东欧的犹太人区太相似了。对此，建筑师与他们来自欧洲的新移民客户的观点是一致的，寻求的都是带有原籍国保守主义印记，但又区别于当地传统建筑的风格。

13. 盖迪斯，1925：39。

山姆·巴凯和勒·柯布西耶

缺乏建筑传统迫使建筑师采用全新的建筑语言。山姆·巴凯[14]和他“现代建筑师俱乐部”的朋友们都是勒·柯布西耶的仰慕者，这位年轻建筑师1933年在他“师傅”的事务所工作过一段时间。1938年巴凯给勒·柯布西耶写了一封邀请信。即便勒·柯布西耶不来访特拉维夫，他也能对这些建筑师产生重要影响。无需诧异，现代建筑运动的价值观与特拉维夫新居民和建设者的理念是完全相符的。这些前卫建筑师和“师傅”勒·柯布西耶的建筑既不同于英国官式建筑，也反对纳粹主义者的豪华古典主义。这种新风格鼓吹减少装饰，强调建筑物简单的内在美。的确，就在特拉维夫，

“在评说一栋建筑物的好坏之前，仅仅因为它的简单存在就非常棒……生活本身就充满着各种情感，不需要什么表达载体”[15]。

其简约风格和无瑕的白色，成为创建社会主义社会（société socialiste）的标志，在这里每个人都能过上起码的体面生活。另外，混凝土建筑也解决了缺少钢铁工业的困难。

基于所有上述原因，青年建筑师们斗志昂扬，要让特拉维夫的建筑物遵循现代建筑运动的精神。

阿里·沙龙和国际风格

外墙缺少明显的社会符号、形体简洁、平顶、集合住宅，这些现代建筑元素都与包豪斯学派建筑师阿里·沙龙的理念相符。他在特拉维夫设计的所有住宅区都或多或少地像城市里的基布兹。他获得了特别许可，将几个小地块进行统一的规划设计。福里希曼（Frishman）路上的小区有三幢三层的住宅楼，建于1934—1936年间，每一组住宅的侧翼都围绕着中央庭院，那里是集体餐厅、公用洗衣房、儿童游戏场等公共区域，入口处是一道纪念性的柱廊，串联各套公寓的连廊、楼梯间开向外墙、大尺寸的门窗等措施都是为了保证整体的通风效果。他还喜欢从包豪斯建筑风格中借用“法式”（à la française）阳台，特拉维夫还有很多建筑师也是如此，如伊夫·莱奇特（Zeev Rechter）。

福里希曼路33-35号的集合住宅，建筑师是阿里·沙龙，1934年。

上图：平面图和纵向立面图（SH）

下图：西侧立面（SH，IK）

14.1938年4月1日建筑师山姆·巴凯致勒·柯布西耶的邀请信，署名“您的仰慕者”（勒·柯布西耶基金会）。

15.“载体”原文为 filtre 。——译者注

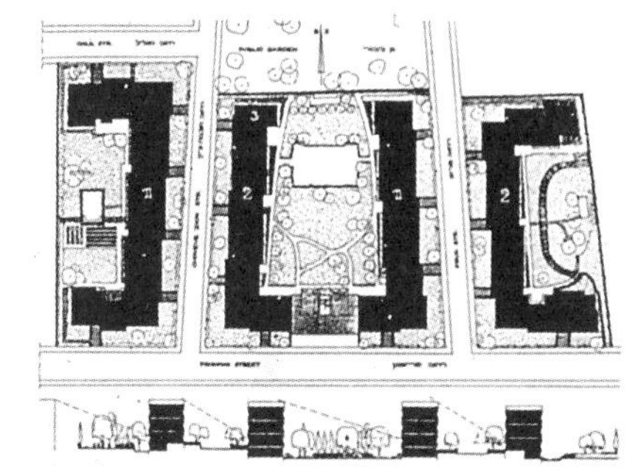

左上：罗斯柴尔德林荫大道134-136号大楼，各种形体镶嵌的转角，建筑师是Yitzak Rapoport，1936年。（IK）

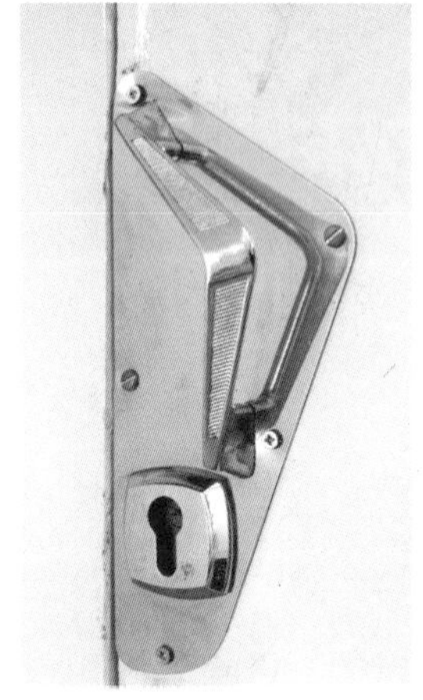

中图：建筑细部设计：罗斯柴尔德林荫大道93号公寓大楼入口的门把手（GF）

16. 纽菲尔德，“有机建筑”（l'architecture organique）（希伯来语），《在近东建造》（*Habinjan Bamisrah Hakarov*），1934年12月：4。

在阿里·沙龙的带领下，格罗皮乌斯和梅耶校长在包豪斯宣扬的很多设计原则都得到了应用：从总平面到门把手的协调一致，钢筋混凝土建筑，简洁形体的组合，拒绝古典主义手法，把外墙与居住功能联系起来，通过虚实平衡和建筑元素组合而获得外立面的美观，借助手工艺制作建筑构件，如：楼梯或门需要木艺，栏杆需要铁艺，门把手需要金工制作，入口大堂窗户需要玻璃工艺，鱼池、喷泉和花园长凳需要陶瓷工，涂刷外墙和镶嵌云母彩石则需要泥瓦匠手艺。

约瑟夫·纽菲尔德和“有机”建筑

纽菲尔德（Joseph Neufeld）曾在柏林与埃里克·门德尔松合作，也曾在莫斯科与布鲁诺·陶特共事。和他的大多数同事一样，纽菲尔德反对借用各种元素的设计手法。他提出要设计一种全新的建筑，即“有机”（organique）建筑[16]，这个词汇寓意着生物体形式与机能的完美一致。纽菲尔德设想，既定的生活和工作环境存在唯一的建筑表达方式，这种表达方式被称为“有机”，也可以称作“美”（beauté）。他称这种建筑形式为有机建筑而非现代建筑，并非简单地与历史风格的对立，并非追求哗众取宠。但他为什么不用“功能”(fonctionnel)或“理性”(rationnel)这些形容词呢？是刻意映射欧洲总是这样描述现代建筑吗？

玻璃工艺：罗斯柴尔德林荫大道93号大楼的楼梯间与拼花玻璃窗（GF）

金工制作：Aharonovitch路10号大楼的楼梯（GF）

木工：Rut路4号大楼的楼梯（GF）

建筑语汇的多样性。

上图：本·耶胡达路 85 号大楼。（GF）

下图：Gotlieb 路 12 号 Gasser 大楼的临街外墙装饰图案，建筑师是 Chaim 和 Yossef Kashdan，1937 年。（GF）

传统的犹太教认为，人体和宇宙万物运行都是自我完善和自然造物的巧夺天工。耳蜗复杂曲回，蜗牛曼妙优雅，没有比“造物奇迹”[17] 更合理了。纽菲尔德偏爱此词可能是出于他的犹太民族特性（文化的而非宗教的）。

不管将出自现代运动的新建筑称为国际建筑、国际风格、前卫建筑、现代建筑、功能性建筑、理性建筑或有机建筑，有一点是肯定的，20 世纪 30 年代起特拉维夫的那一代建筑师都以此为倚仗[18]。现代建筑运动的精神，从勒·柯布西耶的吊脚楼[19] 到门德尔松的组合形体，都将在巴勒斯坦大地上展现出一幅幅生动的画面。

17.R. A. 卡茨（Rav Avraham Katz），《造物奇迹》（*Les Merveilles de la Création*），巴黎拉斐尔出版社，1996 年（译自《设计者的世界》（*Designer World*），R .A. Katz 和 GJBS，1994 年。

18. 关于现代建筑运动的详细论述请参阅 R. 博美（Richard Pommer）和 C .F. 奥托（Christian F. Otto）所著《1927 年的魏森霍夫和现代建筑运动》（*Weissenhof 1927 and the Modern Movement in Architecture*），芝加哥 / 伦敦，芝加哥大学出版社，1991 年。

19. 指其代表作和现代建筑运动的里程碑，1928 年设计的巴黎近郊萨伏伊别墅（Villa Savoye）。——译者注

上　图：Ludwig Hilberseimer 南所作“高层建筑城市”（Hochhausstadt）规划，南北主干道，1925年。（AIC）

下图：罗斯柴尔德林荫大道84号的“法式”转角阳台，建筑师伊夫·莱奇特（Zeev Rechter）。（IK）

2. 混合型的特拉维夫学派

20世纪30年代的建筑语汇是“革命性”的，但由于规划所限，建筑物总会保留下与环境和传统的关系。

建筑：国际的、地方的

特拉维夫按田园城市的原则划分小地块，有些小街巷只有两三米宽，20世纪20年代勒·柯布西耶在欧洲设计的“住宅机器”在此有了生存的空间。欧洲的前卫建筑师推崇理性规划，偏好与主干道垂直的板式大楼组成的住宅综合体，其间有大块绿化分隔。特拉维夫的建筑师则喜欢设计传统的沿路建筑。

20世纪30年代，在建筑师阿里·沙龙及其“俱乐部”的影响下，包豪斯的一些原则在此得到应用。但建筑师们仍受限于强制性的容积率规定和盖迪斯规划的小地块，只有拿出奇思妙想，才能让国际建筑语汇适用

于特拉维夫当地的情况。他们解读现代建筑语汇和诸要素，一方面是为了适应特定的气候条件[20]，另一方面是创造富有特色的现代感。

20. 米克·莱文（Michael Levin），1984年。

锡安（Hovevei Zion）路 65 号大楼是建筑现代语汇和城市经典句法的综合。（IK）

特拉维夫的气候使人优先考虑天气炎热的问题。现代建筑运动所倡导的立柱、“法式阳台”和栏杆等手法正好有利于海风吹拂。但是，带形长窗并不舒适、也不常见，柯布西耶喜好的这一元素在特拉维夫演变成为遮阴长廊，有时还随着外墙的形状迂回环绕。

在盖迪斯规划的限制下，建筑师被迫放弃现代建筑运动的一些重要手法，如：“栏杆”和“塔楼”，建筑物外墙的统一，建筑物与道路垂直的布局方式等。外墙也有所变化：沿马路的外墙采用虚实结合的平面构成图形，再用合成涂料进行粉刷，后墙就只是简单的石膏涂层和功能性的开口。楼与楼之间有间隙，沿路外墙的样式还延续到侧墙的 1/3 处，以保证视觉的延续性，表面的涂层和挑檐也延续至每边的侧墙，再往后的侧墙则是后墙的延伸，甚至不作涂料面层。

此外，为使每间房间都有良好朝向，按照卫生学的设计原则，在立方体的基本造型之外还会抠出“嵌入式”的阳台，也可以是内置的凉廊，可使南向房间少受阳光直射。这些间隙、隆凸和凹进也代表了先锋建筑理论所推崇的某些理性手法。

特拉维夫学派

是的，这里有列柱、美妙的曲墙面和窗洞阴影、平屋顶和螺旋形的蔓藤绿廊、立方体和圆形、光和风、主道和辅道、绿色开放空间与篱笆矮墙草坪、棕榈树林荫大道和长满“葡萄和橄榄树”的小巷、富有层次的外墙、临街前院的园艺和后院的果树，还有那些画有交通标识的平坦且粗糙的深色道路、广场和街头巷角。

Melchett 路 15 号 Landa 大楼楼梯间的转角玻璃窗，建筑师是 Berger 和 Mandelbaum，1935 年。（GF）

现代派的大楼也界定了外部空间，这是对公共空间的尊重。尽管规划要求减少道路数量，其延续性还是通过地界矮墙、金属栏杆和行道树得以保证。其次是十字路口，炫目的玻璃转角窗和圆形阳台突出强调了街角空间。

有些建筑依旧延续古典风格：长条形的楼群，带有装饰的转角窗、阳台或遮阳板等，外立面也是对称的。另一些建筑就不那么因循守旧了：它们由一个基本的立方体开始，前部或侧面外包一层“起伏”的外皮，就像它的城市化表皮。第三类建筑更加标新立异，建筑体量被外墙的错位、形体的扭曲和墙面的凸凹一一解构了。

新城总是由不同分级的道路、广场、林荫大道、小路等构成，让市民生活更加便利愉快。主路是有沙土和棕榈树的林荫大道，小路则是“葡萄和橄榄树小巷”[21]，广场穿插其间。城市规划手法依然古典，带有田园城市的原始印记。大楼沿着交通干线，独立式住宅则半隐在小巷里，水泥立方体和树丛交替，这成为 20 世纪 30 年代特拉维夫城市道路的典型景观。

优雅首先来自于城市的节奏：这是某种有规律的节拍，但从不恼人。不管建筑师的天赋如何，节奏总是能调和古典装饰与立体主义，并创造多元化的建筑。优雅还来自于城市的厚度：可以在穿过马路、街区中心花园和小巷深处时感觉到。优雅还来自于城市的高度（三四层楼）和光线：高处是满布阳光的蔓藤绿廊，远处是大海。

20 世纪上半叶，前卫建筑师们的目光总是聚焦在德国包豪斯学院，他们希望借此建设一个更美的世界。在以色列，大家的目光也在眺望德国，但这是最后一眼，不是希望。1933 年，纳粹关闭了包豪斯学院，驱逐了师生，犹太建筑师们纷纷逃往特拉维夫。或是高举有机建筑大旗，或是怀揣理性城市梦想，设计师们满怀锡安主义的热情，团结一致，最终战胜了分歧和纷争，在种种限制之下最终推出了一部完美的大剧。规划最终变为“都市”。

21. 按照盖迪斯的表述。盖迪斯著，1925 年。

特拉维夫学派：Strauss 路 3 号布鲁诺大楼侧墙面的起伏，建筑师是 Zeev Haller，1935 年。（GF）

Idelson 路 23 号克鲁斯卡尔大楼侧面外墙，有都市化风格的檐口，沿路和花园一侧的外墙也做了不同的处理，建筑师是理查德·考夫曼，1934 年。（GF）

锡安（Hovevei Zion）路 42-44 号前后外墙的不同，建筑师是 Y. Kamenitzky 和 H. Blumenfeld，1936 年。（IK）

特拉维夫的道路和建筑，是 20 世纪伊始的城市规划理论与 30 年代发轫的现代建筑运动相互交汇的结果。在这个意义上，特拉维夫建筑师的工作可以媲美早年的阿姆斯特丹学派[22]。在特拉维夫和阿姆斯特丹，“（建筑）幻想总是与其所在地的特色相对应”[23]。在这上帝应许之地，也正因为这些挑战，建筑风格同时还代表着正在形成中的国家的无尽创造力。这是真正的建筑学派，特拉维夫学派（L'Ecole de Tel-Aviv）。■

22.20 世纪初的现代建筑运动流派之一，反对折衷，提倡纯净地表达建筑的简洁和材质，代表作有贝尔拉格的阿姆斯特丹证券交易所。——译者注

23.Castex，Depaule，Paneral，1977：86-88。

1908—2008 年：百年遗赠

上图：损坏和粗糙的修补，2004 年。（JMP）

右页：坚守文雅，1994 年。（GF）

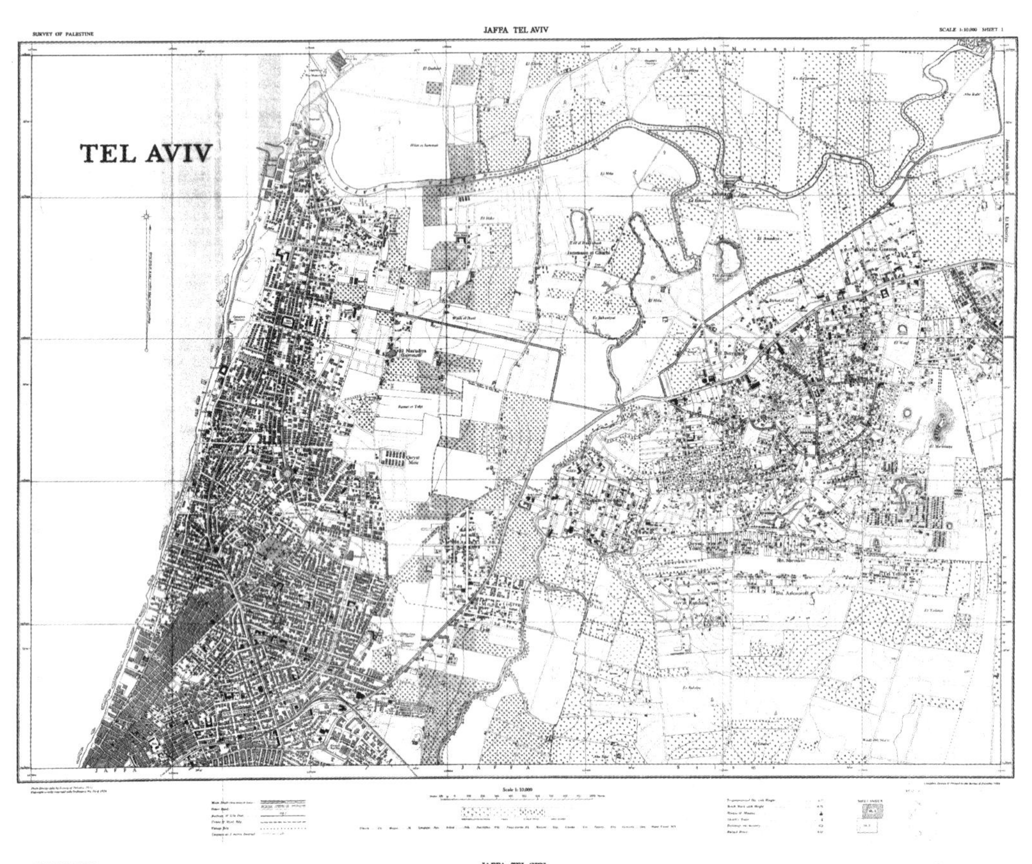

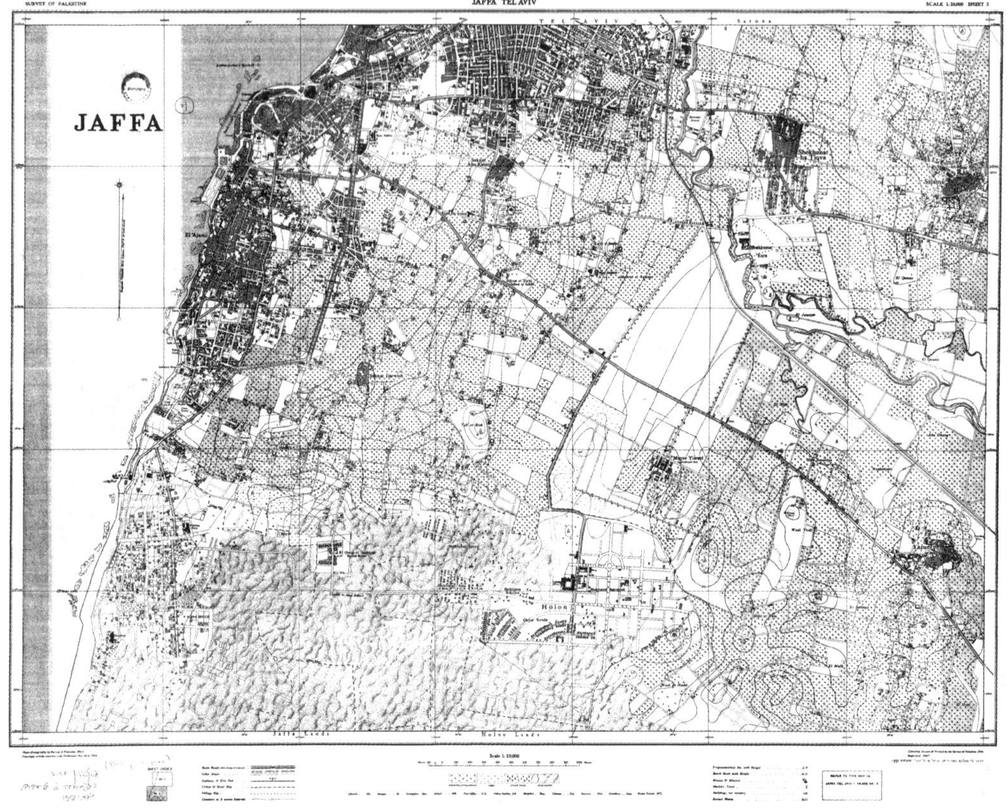

从特拉维夫和雅法、到特拉维夫 - 雅法。《特拉维夫》和《雅法》摘录图，位于特拉维夫的巴勒斯坦测绘局，1944 年，比例 1:10 000。（MAT）

1908—2008 年：百年遗赠

左图：光鲜（décor）的背后——今天的特拉维夫，1995 年。（CWR）

右图：盖迪斯规划原则的延续：现 Ha'medina 广场周围的街区。右上：1952 年；右下：2000 年。（来源：MAT 和 SI）

今天，特拉维夫—雅法[1]区域已成为发达的大都市，海岸线长达 14 公里，居住人口中有一半以上是以色列人，雅法南北和特拉维夫一期[2]共接纳了将近 1/3 的以色列人[3]。“大特拉维夫”（Grand Tel-Aviv）包括了特拉维夫市本身，此区域内人口约 38.5 万，占地约 52 平方公里。如本书所述，该城发展初期是在原 Musrara 河以东和亚孔河以北的地区，后来又收购了 El Mas'udiya[4] 等处阿拉伯人的农地，城市继续延伸，增加了毗邻的 Nahalat Yits-Haq 等犹太居民区。1948 年以色列建国以后，特拉维夫再向南扩展，覆盖了原雅法老城及其腹地。因此，雅法南部各城镇如 Adjami、村庄如 Abu Kabir、1930 年开始形成的犹太街区如 Bat yam 等，从此都成为大特拉维夫的一部分。就在此处，历史投下了其多彩的光影——“白城”之光和雅法之影。

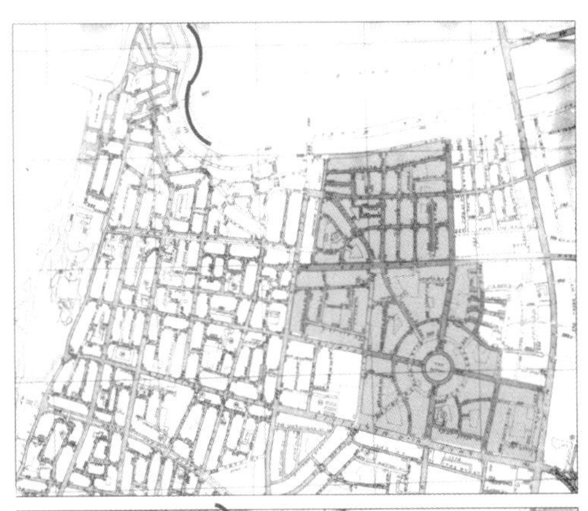

1.Tel-Aviv Yafo，对该广大地区的希伯来语称谓。——译者注

2.“Gush Dan”包括特拉维夫—雅法及其“内环”、“外环”的都市区域，它们在北、东和南三个方向对雅法形成半包围圈。从北端起，内环各市镇分别为 Herzliya、Ramat Gan、Bnei-Brak、Giv'atayim、Qiryat Ono、Or Yehuda、Holon 和 Bat Yam，外环包括的重要乡镇有 Petah Tiqwa、Rishon Lezion 和 Rehovot。

3.原文如此，此处及前句应为犹太人而不是以色列人，即便雅法城的阿拉伯人现也为以色列国籍。——译者注

4.也称为苏美。

左图：20 世纪 50 年代建造的街区遵守了规划要求，此处前部花园作了适当后退（即建筑物从道路后退一定空间距离。——译者注），1994 年。（GF）

上图：1925 年起盖迪斯所推崇的标志性蔓藤绿廊，30 年代起就搁浅了。（CWR，1991 年）

特拉维夫现在的市中心，也就是俗称的"白城"，有着大量特拉维夫学派（L'Ecole de Tel-Aviv）的作品，也是令人赞叹的建筑群。20 世纪 80 年代起，人们渐渐意识到它的价值[5]，并开始实施若干保护措施，1994 年特拉维夫举办的一次国际学术会议还专门研讨过此事[6]。十年之后，即 2004 年，所有建筑物[7]都被列入联合国教科文组织世界文化遗产名录。此后，两百多幢建筑得到修复，有些建筑重建并用作他途，比如迪森高夫广场上的原伊斯特（Ester）电影院[8]，现已被改建为宾馆了[9]。

特拉维夫的保护计划涉及上千幢建筑物，刚刚获得国家层面的批准，"白城"被认为具有旅游和宣传价值。然而，这一概念并不清晰，保护的收益也并非显而易见。保护计划有哪些内容？其中包括建筑物，道路和林荫大道，外立面还是公寓楼？白城当然是文化遗产，是父辈的遗赠，要完好地传承给后代。但是应该保护的对象是什么？保护的标准又是什么？如何才能确定科学合理的保护流程？

一些专家认为，保护计划很有必要，但还远远不够。首先，有 8 500 幢建筑尚未得到维护。其次，开发商与保护者之间的关系像其他地方一样有着尖锐的冲突。最后，业主往往"支持在巴黎和罗马开展保护工作，而不是在自己家"[10]，公务员、开发商、建筑师、工程师、城市规划师和居民等利益相关方在保护机制等问题上的意见是不一致的。

市政府的人考虑建筑物的总体保护，向房地产开发商提议"交换"。比如在罗斯柴

5. 米克· 莱文（Michael Levin），《特拉维夫白城（以色列的国际风格建筑）》（*White City (International Style Architecture in Israel)*，特拉维夫博物馆，1984。

6.1994 年 6 月的特拉维夫国际风格建筑学术研讨会。尼萨·梅兹格 - 苏慕克（Nitza Metzger-Szmuk）（主持），凯瑟琳·维尔 - 罗尚（协调），《沙之屋》（*Batim min hachol*），特拉维夫，国防部出版社，1994。

7. 此处指主城区，即俗称"白城"的部分。——译者注

8. 宾馆名字就叫"电影院"（Cinema），保留了大量建筑构件、细部、电影放映设备、电影海报等，充满过去的风味。——译者注

9.2003 年 3 月 的 ICOMOS 报告，http://whc.unesco.org/archive/advisory_body_evaluation/1096.pdf。

10.Zandberg 与 Esther，《保护源自漠视》（*Preservation rears its head above the neglect*），Haaretz，2007 年 11 月 29 日：9。

今日的罗斯柴尔德林荫大道：2004 年“遗产保护”的举措和实例。（JMP）

尔德林荫大道，允许开发商在地块后部新建大楼，以换取修复沿街“包豪斯风格”建筑的经费。如果这些运作处于城市边缘，历史氛围所受破坏尚且有限。但是，如果不断增加此类运作模式，罗斯柴尔德林荫大道的奢华私密又将何去何从呢？如果到处都耸立着三十多层的钢筋玻璃大厦，在老咖啡馆或酒吧小酌还有韵味吗？

从城市角度看待保护计划的人则强调对外墙的保护，如同保护 B. 奥斯曼[11]的巴黎一样，有些大楼是“清空的”。在修复的外墙背后竖立着办公楼或豪华公寓，这样一来就导致了街区的高档化。

那些将保护计划视作一个整体的人，认为计划的各部分不能分割，应该坚持整体保护的原则。如果像其他城市一样延续特拉维夫的自然发展进程，就有可能冒着被“迪斯尼化”（dysneylandisation）的风险，这对于特拉维夫来说是致命的。

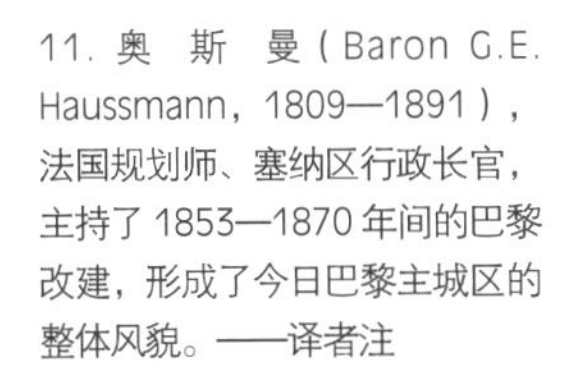

11. 奥斯曼（Baron G.E. Haussmann，1809—1891），法国规划师、塞纳区行政长官，主持了 1853—1870 年间的巴黎改建，形成了今日巴黎主城区的整体风貌。——译者注

上述问题值得深究，以免白城变成自己的影子。只要看看耶路撒冷现在的规划，就会让人担心特拉维夫的林荫大道、马路和广场也会发生某种突然变化。在耶路撒冷，昔日迷人的道路不少都变成了车行道，行人很难通行。人行道变窄了，马路中间嵌入了公交车道，安装了高而可憎的金属栏杆，过马路也不方便。城市规划就像是由道路工程师主持设计的，只关心机动车通行，景观设计师、建筑师和天才的城市规划师都去哪儿了？他们似乎早就从决策过程中消失了。在特拉维夫，现在正是关键时刻，让规划设计师们重新发挥其在20世纪30年代的重要作用，即致力于将城市空间与街区和市民需求紧密结合。

特拉维夫的高傲、先锋和肮脏破败使人想起纽约。她既是与世界同节奏的生活时尚象征，同时又带有与母城截然不同的疤痕。在雅法与特拉维夫之间、两市原先的交界线上，存在着卖淫、吸毒、黑帮、肮脏、尘土、损毁……不一而足，城市之痛似乎全聚集在此。这个麻烦地区再往南的地方也存在很多问题。比如，东方风格的“Andromedia”奢华生硬，与曾为豪宅的阿拉伯废墟之间形成强烈对比。这种对照并不意味着雅法老城被废弃了，反而是被精心修复了，但只是那种针对游客口味的简单复制。胡同和小巷通往艺术画廊和酒吧，而“真实的”城市则只能面对纷杂沉重的过去。

“特拉维夫—雅法”开始往西北发展，2025年的规划要将其打造为大都市中心。“阿亚隆城”（Ayalon City）已经初步成型，高楼摩天，到处都是高速公路及市政设施。原先的河流直到20世纪40年代一直是城市的东部边界，而现在，东部的高楼森林已经与西部建于1950—1970年间的国际滨海酒店区相呼应。国际化大都市看起来还不错：她大规模地展示着这些耀眼夺目的高大标志物，环抱着20世纪30年代的特拉维夫老街区。

即使保护白城是明智之举，南部各街区想从中获益也殊非易事。某些人的遗产未必也是其他人的宝贝。特拉维夫发展了，雅法老城被作为遗产得到保护，南部各城镇日趋贫穷。特拉维夫—雅法应该引起人们对文化遗产冲突的思考，本书仅介绍了这些思考的源头，这一冲突还有待妥善解决。

今天，城市化问题推动了思考。如果说，城市历史考古依靠有意义的空间解读，其目标是厘清线索和重新质疑，那么，我们更应理性地思考城市化现象以及那些影响未来发展的重要因素。“书写历史并非只是描写时空差异、说古道今，更是对各种可能性的探究。”[12] ■

12.Francois Fourn，《在历史与遗忘之间：何种写作计划？》（*Entre l'histoire et l'oubli: quel projet d'écriture?*），《时代与历史学家，19世纪历史回顾》(*Le temps et les historiens, Revue d'histoire du XIXe siècle*)：2002-2025。

研究方法说明

自此项工作开始，作者就深信锡安主义与空间拓张之间存在着特殊关联，并预感到，为了理解其深刻意义，需要深入研究城市结构的产生背景。

如何看待城市的复杂性？有没有其自身以外的意义？历史学者常常以自己的理解去解释那些神秘之处。有两种方法可以减少这种误解，其一是细述历史轨迹、让读者自己获得解密的钥匙；其二是采用多种解读方法和多种角度。阿尔多·罗西[1]的“城市实体”（fait urbain）[2]的概念就是一个由矿产、植物、有机体、社会、政治和机械组成的复合体，也包含了一种需要跨学科的研究方法。本书正是如此。

这种方法回应了分别来自两所以色列大学里的本杰明·海曼博士和阿纳特·赫曼（Anat Helman）博士的观点[3]，他们在论文中强调，必须通过图纸去解读特拉维夫的历史，只有重新收集、整理和判读这些材料，才能体现其科学价值。但是，工作初期的情况并非如此。1908—1948年特拉维夫建城和英国托管巴勒斯坦时期的资料并没有被系统地整理过，当然也没有被系统地研究过。研究结论取决于如何选择图纸。当时的研究没有综合考虑这些图纸资料的性质：计划图、规划图和记录图相互混淆，而且没有规划师早期的草图。这样怎么可能理解城市的构建过程呢？

历史研究也有习惯性的障碍。所有史学研究的难点就是必须通过线性逻辑去描述事实的多个方面，让读者阅读枯燥乏味的数据也非易事，这是通常遇到的困扰。选定主题还另有三大困难：

首先，所查阅的资料涉及多种语言。除了英语与希伯来语，有些资料是德语或阿拉伯语的。不管是一手、二手还是图片资料，几乎所有资料都需要“翻译式”的阅读，至少先要把英文或希伯来语的资料翻译成法语[4]。

其次，所涉及的时代是20世纪上半叶，当时城市规划作为一门学科尚处于起步阶段，专用词汇尚未固定下来，固有的语义学问题随着研究的深入而逐步暴露出来。

最后，必须说，盖迪斯的英语很特别[5]，其手稿中有很多纰漏。打字或描述语言中的那些错漏之处有时候就被英语或法语研究者错误地转述了。

如果只是用“原文如此”标记每个错误，可能就过于草率和沉重了。本书最终保留了部分翻译和这些错漏，目的是让读者自由地解读原文。总之，希伯来语首先要翻译成英语，以便与英国托管政府的官方文字进行比照，且英语引文一般都加注。同样，如无特别标记，语意清楚时的希伯来引文和注释一般会翻译成法语。

要解读图纸，必须在复制汇编资料后先进行分类，第一阶段的工作需要用到类型学工具。要弄清楚绘制图纸时城市的实际“状态”与图纸表达的不同，换句话说，要把图纸当成解读历史的工具，就要区分图纸绘制时间与图纸表达的城市规划时间之间的不同，图纸的标注日期与某些历史阶段有时也会产生混淆。现在的有些研究成果就是误判了时间。

据此，本书所用图纸资料分为四种情况。

第一种情况，图纸像航空拍照一样显示了该时期城市发展的实际情况，这种情况下就是记录图，具备证明价值。本书使用的记录图大多标注了已建和待建建筑，展示了城市的整体面貌，比例常为1:10 000。

第二种情况，图纸显示的建设情况比城市实际建设更多时，那么这就是规划图。还要区分规划图和设计图，前者多由规划师和建筑师制作，后者是工程师和技术人员完成的。前者未必会全部实施，后者现称“详细设计图”或建筑“施工图”，一般将会按图实施。长远规划的目的是预测和谋划，正式批准的规划是为了分期实施。要区分这些不同的规

1. 阿尔多·罗西（Aldo Rossi，1931—1997），著名建筑师、普利策奖获得者。——译者注

2. 阿尔多·罗西（Aldo Rossi）著，《城市建筑》（*L'architecture de la ville*），巴黎，Equerre出版社，1981年（Francoise Brun翻译，原出版社为米兰Clup，1978年）。

3. 本杰明·海曼（Benjamin Hyman）著，《巴勒斯坦的英国城市规划师》（*British Planners in Palestine*），博士毕业论文，伦敦政治经济学院，1994年1月：225。Anat Helaman著，《1920—1930年间特拉维夫的市民社会和城市文化发展》（*The Development of Civil Society and Urban Culture in Tel-Aviv during the 1920s and 1930s*），博士毕业论文，耶路撒冷希伯来大学，2000年5月：6（希伯来语）。

4. 本书原作为法语版。——译者注

5. 盖迪斯是苏格兰人。——译者注

划并非易事，有时图纸上甚至没有图名。这种情况下有两个办法，其一是规划实施时间与图纸绘制时间很接近时，通常都是正式规划。反之，时间间隔很长时，很可能是长远规划或计划；第二个办法是，在那个时代长远规划或规划方案常是手绘的，已批准实施的规划通常有日期、盖章或签名，有时还印刷成册，一般是锌版印刷。但困扰在于，的确也曾发现过手绘的正式规划图，描绘系统、笔法细致，标识、图例、比例、注释、指北针和主副标题都很翔实。

第三种情况，城市的实际建设情况超过图纸，那么图纸就是信息编纂，也可能是分析图，比如地理图或旅游图。但它不能算是记录图，也不是规划图。这类图纸绘制时大多会用到底图作为背景，问题在于，底图可以是记录图，也可以是规划图，这就需要区分。这些混合着记录和综合信息的资料可以先作为“混合图纸”，以后再慢慢分类。这类资料的作用是帮助再现有些其他地方无法找到的信息。

最后，有些图纸没有任何日期或标注，无法明确身份。这些资料先被单独归类，研究进展到相应阶段时才能够确定具体类别[6]。

因此，图纸资料需要分栏归类，每一栏对应图纸与实况的时间关系，按时间先后排序。四种类型的资料作用各有不同：记录图表明建设实况，规划方案图反映未来发展而近期建设内容则标注在正式规划文件上，综合分析就是图解，备注栏是没有日期和未确认性质的图纸。

做尽可能多的标注是为了确定图纸的性质和主题：草图的性质、隐名合伙人或作者、日期、比例、彩色或黑白色、语言，还要弄清标题、图解和正式的盖章签注。为了区分不同类型的图纸，还使用英语和希伯来语双重注释，并根据上下文采用了差异化的翻译。有些英文标注“规划图”或“分图则”不可缺少，它们有时被称为“总图”，这是之后才有的专用词汇。其他的“规划”或“局部设计”均以文字形式出现，不配图，称之为“项目”。

图纸分类并按时间排序，把不同的要素与某一特定时间作比较，这样就有了一系列关于雅法与特拉维夫的城市发展和地缘政治状况的解读。■

6. 参阅第七章和第八章。

著作

ABU-LUGHOD, Ibrahim (dir.), The Transformation of Palestine (Essays on the Origin and Development of the Arab-Israeli Conflict), Evanston, Northwestern University Press, 1971.

AMIRY, Suad, Vera TAMARI, The Palestinian Village Home, Londres, British Museum Publications Ltd, 1989.

ANTEBI, Élisabeth, -L'homme du sérail, Paris, Nil éditions, 1996. -Edmond de Rothschild (L'homme qui racheta la Terre sainte), Monaco, Éditions du Rocher, 2003.

ARICHAN, Yosef, Tel-Aviv bat 60 [Tel-Aviv a 60 ans], Ramat-Gan, Massada, 1969.

AURENCHE, Olivier (dir.), Dictionnaire Illustré Multilingue de L'Architecture du Proche Orient, Lyon/Paris, Maison de l'Orient/De Boccard, 1977.

BAEDEKER, Karl, Manuel du Voyageur: Palestine et Syrie, Leipzig, Karl Baedeker Ed., 1912.

BAHAT, Dan, Carta's Historical Atlas of Jerusalem: An illustrated Survey, Jérusalem, Carte, 1992 (éd. or. héb. 1986).

BARNAVI, Eli, Une histoire moderne d'Iseaël, Paris, Flammarion, 1988.

BOARDMAN, Philip, The Worlds of Patrick Geddes: Biologist, Town Planner, Re-educator, Peace-Warrior, Londres, Routledge and Kegan Paul, 1978.

CANAAN, Taufik, The Palestinian Arab House: Its Architecture and Folklore, Jérusalem, Syrian Orphanage Press, 1933.

CASTEX, Jean, DEPAULE Jean-Charles, PANERAI Philippe, Formes urbaines: de l'ilot à la barre, Paris, Dunod, 1977.

CHARBIT, Denis, Sionismes, Textes fondamentaux, Paris, Albin Michel, 1998.

CHELOUCHE, Aharon, Migalabiya lecova Tembel [De galabiya au chapeau « Tembel »], Tel-Aviv, 1991.

CHELOUCHE, Yoseph Eliyahu, Parashat khayai 1870-1930 [L'hiStoire de ma vie 1870-1930], Tel-Aviv, Dfus Strod, 1931.

COHEN, Jean-Louis, ELEB Monique, Casablanca, Mythes et figures d'une aventure urbaine, Paris, Hazan/Belvisi, 1998.

COHEN, Erik, The City in the Zionist Ideology, Jérusalem, The Hebrew University, 1970.

COOPER-WEILL, Judith, Habatim nidmu le'hehalot [Les maisons étaient des palais], The Story of Neve Tzedek, Ministry of Defense Publishers, 1997.

CRASEMANN-COLLINS, Christiane, Werner Hegemann and the Search for Universal Urbanism, New York/Londres, W. W. Norton & Company, 2005.

DEPAULE, Jean-Charles. ARNAUD Jean-Luc, À travers le mur, Pairs, Éditions du Centre George Pompidou, 1985.

DIZENGOFF, Meir, Tel-Aviv and its development, Tel-Aviv, E. Strod & sons, 1932.

DROSTE, Magdalena, Bauhaus (1919 1933), Köln/Berlin, Benedikt Taschen/Bauhaus-Archiv Museum für Gestaltung, 1990.

DRUYANOV, A., Sefer Tel-Aviv [Le livre de Tel-Aviv], Tel-Aviv, Iryat Tel-Aviv, 1936.

ERTEL, Rachelle, Le Schtetl (La bourgade juive de Pologne, de la tradition à la modernité), Pairs, Payot, 1982.

FIEDLER, Jeanine (dir.), Social Utopias of the Twenties (Bauhaus, Kibbutz and the Dream of the New Man), s. l, Müller+Busmann Press, 1995.

FISHER, Yona (dir.), Tel-Aviv 75 Years of Art, Tel-Aviv, Massada, 1984.

GEDDES, Patrick, -L'évolution des villes, Une introduction au mouvement de l'urbanisme et à l'étude de l'instruction civique, Paris, Téménos, 1994. éd. or. ang. 1915). -Town Planning Reprot, Tel-Aviv, 1925 (mult., exemplaire destiné à Félix Warburg) (JNL).

GLASS, Joseph. B, Ruth, KARK, Sephardi Entrepreneurs in Eretz Israel-The Amzalak Family, 1826-1918, Jérusalem, Magnes Press/ Hebrew University, 1991.

GLENK, Helmut, From Desert Sands to Golden Oranges (The History of the German Templers Settlement of Sarona in Palestine 1871-1947), Wistaston, Trafford, 2005.

GONEN, Amiram, Israel (The Now and In-between), Jérusalem, The Jerusalem Publishing House Ltd., 1997.

GUTTMAN, Nahum, SHVA Shlomo (dir.), City of sand and Sea;the History of Tel-Aviv-Jaffa in Mosaic, Ramat-Gan, Massada, 1979.

HERBERT, Gilbert, SOSNOVSKY, Silvina, Bauhaus on the Carmel (and the Crossroads of Empire), Jérusalem, Yad Izhak Ben-Zvi, 1993.

HERZL, Théodore, Altneuland, Leipzig Hermann Seeman, 1902. Ireéd, fr. : Terre ancienne Terre nouvelle, Les éditions Rieder, 1931.

HERZL Centenary Committee er., Herzl Altneuland, Haifa, Haifa Publishing Company Ltd., 1960. (éd. or. T. Hrezl, Altneuland, 1902.

HILLEL, Marc, La maison du juif (L'historie extraordinaire de Tel-Aviv), Paris, Perrin, 1955.

HOLMES, Reed, The Foreunners: The History of the American Colony in Jaffa, Missouri, Mo., Herald Publishing House, 1981.

HOWARD, Ebenezer, Les cités-jardins de demain, Paris, Dunod, 1969. (éd. or. ang., 1902).

JAUSSEN, Père J. -A., O. P., Naplouse et son district (Coutumes palestiniennes, I), Paris, Librairie orientaliste Paul Geuthner, 1927.

KALIR, Matiyahu, Peli BRACHA, Shabtai TEVET et al (dir.), The Album of Tel-Aviv, Tel-Aviv, Massadah & Son Ltd., 1961.

KEDAR, Benjamin Z., The Changing Land;Between the Jordan and the Sea (Aerial Photographs from 1917 to the Present), Israel, Ministry of Defense and Yad Izhak Ben-Zvi Press, 1999.

KEITH-ROACE, Edward, Pasha of Jerusalem: Memoirs of a District Commissioner Under the British Mandate, Palgrave Macmillan, 1994.

KHAN, Hasan-Uddin, Le style international (Le Modernisme dans l'architecture de 1925 à 1965), Köln, Taschen, 1998.

KLEIN, Claude, L'État des Juifs, suivi de Essai sur le sionisme: de l'État des Juifs à l'État d'Israël, Paris, La Découverte/Poche, (Ireéd. 1990).

KOESTLER, Arthur, Arrow, in the Blue. An Autobiography, New York, The Macmillan Company, 1952.

LONDRES, Albert, Le Juif errant est arrivé, Paris, Le serpent à plumes. 1998 (Ireéd., 1930).

LOOS, Adolf, Paroles dans le vide (1897-1900), Malgré tout (1900-1930), Paris, Éd. lvrea, 1994. (éd. or., all. 1962).

MARTINELLI, Roberta, Lucia NUTI (dir.), Le Città di fondazione (Atti del 2e Convegno Internazionale di Storia urbanistica, Luca 7-11 settembre 1977), Venise, CISCU Marsilio Editori, 1978.

MELLER, Hélène, Patrick Geddes Social Evolutionist and City Planner, Londres, Routledge, 1990.

MERLIN, Pierre, CHOAY Françoise, Dictionnaire de l'urbanisme et de l'aménagement, Paris, PUF, 1988.

METZGER-SZMUK, Nitza, Des maisons sur le sable. Tel-Aviv, mouvement moderne et esprit Bauhaus, Paris/Tel-Aviv, L'Éclat, 2004.

METZGER-SZMUK, Nitza (dir.), Batim min hachol [Des bâtiments nés du sable], Tel-Aviv, Publishing House of the Ministry of Defense, 1994.

MICHAEL JONES, E., Living Machines (Bauhaus Architecture as Sexual Ideology), San Francisco, Ignatius Press, 1995.

MUNK, S., Palestine. Description géographique, historique et archéologique, Paris, Firmin Didot Frères, 1845.

MURPHY-O'CONNOR, Jerome, The HolyLand (An Archaeological Guide from Earliest Times to 1700), Oxford, Oxford University Press, 1986.

NAHOR, Mordechay (dir.), Tel-Aviv be'reshita [The Beginning of Tel-Aviv] (1909-1934), Jérusalem, Yad Yitz'hak Ben Tzvi, 1984.

NEDIVI, Judah, Guide to Tel-Aviv-Jaffa, Tel-Aviv, Ed. Olympia, 1941.

NEDIVI, Judah, Tel-Aviv (Compiled by Judah Nedivi, Town Clerk, Tel-Aviv), Jérusalem, Keren Hayesod, 1929.

OZ, Amos, Une histoire d'amour et de ténèbres, Gallimard, 2004 (éd. or. héb. 2002).

PETRUCCIOLI, Attilio (dir.), Judaïc Architecture and Town Planning After 1492, Cômes Dell'Oca Editore, 1996.

PICCINATO, Giorgio, La costruzione dell'urbanistica (Germania 1871-1914), Rome, Officina Edizioni (Collection di Architettura/Manfredo Tafuri, 12), 1977.

POMMER, Richard, OTTO Christian F., Weissenhof 1927 and the Modern Movement in Architecture, Chicago/Londres, The University of Chicago Press, 1991.

RABAU, Ziona, Tel-Aviv on the Sand Dunes, Tel-Aviv, Massada Ltd, 1973.

REGEV, Yohav, Hahuzat Bayit: Hagarhin la'hir Tel-Aviv [Hahuzat Bayit: The Root of Tel-Aviv], Society for Nature in Israel, 1984.

REVAULT, Philippe, SANTELLI Serge, WEILL-ROCHANT Catherine, Maisons de Bethléem, Paris, Maisonneuve & Larose, 1997.

RICHARD, Lionel (dir.), Walter Gropius (Architecture et Société), Paris, Éd. du Linteau, 1995.

RICHARD, Lionel, Encyclopédie du Bauhaus, Paris, Somogy, 1985.

RIVIÈRE d'ARC, Hélène (dir.), Nommer les nouveaux territoires urbains, Paris, UNESCO/Éditions de la Maison des sciences de l'homme, 2001.

特拉维夫图册

BOTBARD, Sharon, Ir Levana, Ir Shehora, [Ville blanche, ville noire], Tel-Aviv, Babel, 2005.

RUPPIN, Arthur, Die landwirtschaftliche Kolonisation der zionistischen Organisation in Pälästina, Berlin, 1925.

SANBAR, Elias, Les Palestiniens (La photographie d'une terre et de son peuple de 1839 à nos jours), Hazan, 2004.

SAQUER-SABIN, Françoise, Le personnage de l'arabe palestinien dans la littérature hébraïque du XXe siècle, Paris, CNRS Éditions, 2002.

SCHLÖR, Joachim, Tel-Aviv (From Dream to city), Londres, Reaktion Books, 1999 (éd, or, all. 1996).

SCHULER, Wolfang, En Terre Sainte (Paysages de David Roberts, 1839), PML Éd., 1996. (éd. or. all. 1991).

SECCHI, Bernardo, Première leçon d'urbanisme, Marseilles, Parenthèses (Eupalinos), 2006 (ed. Or., Prima Lezione di urbanistica, Gius, Laterza & Figli, 2000).

SEGAL, Rafi, WEIZMAN Eyal, (dir.), A Civilian Occupation (The Politics of Israeli Architecture), Tel-Aviv/Londres & New York., Bahel/ Verso, 2003 (éd. or. héb. 2002).

SEGEY, Tom. One Palestine, Complete (Jews and Arabs Under

the British Mandate), New-York, Metropolitan Books, 2000 (éd. or. héb. 1999).
SHARON, Arieh, Kibbutz+Bauhaus (an architect's way in a new land), Stuttgart/Israël, Karl Krämer Verlag/Massada Ltd., 1976.
SHAVTT, Yaacov, Tel-Aviv (Naissance d'une ville, 1909-1936), Paris, Albin Michel, 2004.
SHAVIT, Yaacov, BIGER, Gideon, Ha'historia shel Tel-Aviv [L'histoire de Tel-Aviv], vol. I: Mishkhounot lé'-ir (1909 — 1936) [Des quartiers à la ville (1909-1936)], Tel-Aviv, Ramot Publishers/Tel-Aviv University, 2001.
SHEHORY, Han, Halom she ʻhafach le ʻkrach, Tel-Aviv: léda outsmi'ha [Da réve à la métropole: naissance et développement de Tel-Aviv], Tel-Aviv, Avivim, 1990.
SHOMALI, Sawan & Qustandi, Bethléem 2000 (Un guide pour Bethélem et ses environs), Waldbrol, Flamm Druck, 1998.
SHVA, Shlomo, Ir kama [Surgie des sables: Tel-Aviv, les premiers jours], Tel-Aviv, Zemora-bitan, 1989.
SINGELENBERG, P., H. P. Berlage, Idea and Style (The Quest for Modern Architecture), Utrecht, Haentjens Grembert, 1975.
SITTE, Camillo, L'art de bâtir les villes, Paris, L'équerre, 1980 (trad. de l'all., D. Wieczorek, ed. or., Der Städte-bau nach seinen Künstlerischen grundsätzen, Viennce, Verlag von Carl Graeser, 1889).
SMILANSKY, David, Ir Noledet, Sipuran shel Tel-Aviv ve'Eretz Israel bitkufat ha'aliya ha'shniya [L'histoire de Tel-Aviv et de la palestine au temps de ʻla 2nd Aliya`], KATZ, Yossi, (dir.), Tel-Aviv, Éditions du ministère de la Défense, 1981.
SONNE, Wolfgang, Representing the State, Capital City Planning in the Early Twentieth Century, Munich/Berlin/Londres/New York, Prestel, 2003.
SOSKIN, Abraham, Album of Tel-Aviv Views, Jérusalem, 1926.
STERNHELL, Zeev, Aux origines d'Israël (entre nationalisame et socialisme), Paris, Fayard, 1996.
STÜBBEN, Joseph, Der Städtebau, Vierter Theil: Entwerfen, Anlage und Einrichtung der Gebäude, IX Halfband [L'urbanisme, manuel d'architecture;Vol. IX: projet, situation et règlementation des bâtiments], Darmstadt, A. Bergsträsser, 1890.
SUTCLIFFE, Anthony (dir.), -The Rise of Modern Urban Planning 1800-1914, Londres, Mansell Publishing, 1980. -Toward the Planned City (Germany, Britain, the United States and France, 1780-1914), Oxford, Basil Blackwell, 1981.
TIDHAR, David, Encyclopedia lehalutzei hayishuv ubonav [Encyclopédie des pionniers et des bâtisseurs du Yishuv], Tel-Aviv, 1947.
TOPALOV, Christian (dir.), Les divisions de la ville, Paris, UNESCO/Éditions de la Maison des sciences de l'homme, 2002.
TSIOMIS, Yannis (dir), Ville-cité, Des patrimoines européens, Paris, Picard, 1998.
TYRWHITT, Jacqueline, Patrick Geddes in India, Londres, Lund Humphries, 1947.
UNWIN, Raymon, L'étude pratique des plans de villes (Introduction à L'art de dessiner les plans d'aménagement et d'extension), Paris, Librairie Centrale des Beaux-Arts, 1922 (éd. Or. ang. 1922).
WEISS, Akiva Arieh, Reshita shel Tel-Aviv [Le commencement de Tel-Aviv], Tel-Aviv, Ayanot, 1957.
WELTER, Volker M., Biopolis-Patrick Geddes and the City of Life, Cambridge, Londre, The MIT Press, 2001.
YEHOSHUA, Abraham B., Pour une normalité juice, Paris, Liana Levi 1922 (éd. Or. héb. 1980).
YINON, Yaakov, Tel-Aviv-shehuna sh'tzamha le'metropolin [Tel-Aviv-d'un quartier à une métropole], Bat Yam, The Society for Nature in Israel, 1994.
YODFAT, Aryeh, Vahad ha'ir ha'klali le ʻyehudey yaffo ve'pe'ulotav ba'shanim 1912-1915 [Le conseil de la communauté juive de Jaffa et ses activités dans les années 1912 à 1915], Bar Han University, 1975.
YODFAT (Arieh), Yahasey yehudim aravim be'reshita shel Tel-Aviv 1909-1929 (Les relations entre Juifs et Arabes, 1909-1929), Tel-Aviv University, 1974.
ZE'EVI, Rehavham (dir.), Ir be'modahot [A city in « wall news » : Jaffa and Tel-Aviv-1900-1935], Tel-Aviv, Museum of Eretz Israel, 1988.

展览编目

Bauhaus on the Carmel (An exhibition of modern architecture in Haifa, 1918-1948), Haifa, The Municipality of Haifa/Haifa Museum of Modern Art/The Architectural Heritage Research Centre/Technion, 1994.
Ballater Geddes Project 2004, Ballater, Aberdeenshire Council/Ballater Community Council/Scottish Natural Heritage, 2004.
HERBERT, Gilbert, Ita Heinze-Greenberg, Erich Mendelsohn in Palestine, Haifa, Faculty of Architectural Heritage Research Center, Technion-Israel Institute of Technology, 1994.
LEVIN, Michael, White City (International Style Architecture in Israel), Tel-Aviv, The Tel-Aviv Museum, 1984.
METZGER Szmuk, Nitza (Research, supervision), Catherine WEILL-ROCHANT (conception, coordination), The White City of Tel- Aviv (An Open-air Museum of the international Style) Tel-Aviv, Sidney Nata-Amery Group/The Jewish Agency for Isael/UNESCO, (paru à l'occasion du colloque Tel-Aviv International Style Architecture, 1994, tirage limité à 200 exemplaires), 1994.
RAZ, Guy, Soskins: A Retrospective, Photographs 1905-1945, Tel-Aviv, Tel-Aviv Museum of Art, 2003.
WELTER, Volker M., Collecting Cities (Images from Patrick Geddes' Cities and Town Planning Exhibition), Collins Gallery, Glasgow, Buredi/University of Strathclyde, 1999.

论文

ADIV, Uriel M., Richard Kauffmann (1887-1958) -das architektonische Gesamtwerk, thèse de Ph. D, Hans REUTHER et Julius POSENER (dir.), Technische Universität Berlin, 1985 (CZA).
BETSER, Orna, Apartment Houses in Tel-Aviv in the Thirties-Their Development, Concept and Design, Maîtrise en architecture et urbanisme, Avraham ERLIK et Gilbert HERBERT (dir.), Haifa, Israel Institute of Technology, 1984.
BULLE, Sylvaine, Apercevoir la ville: pour une histoire urbaine palestinienne, entre mande et patrie, sentiment et influences (1920-2002), Thèse de doctorat, Jean-Louis COHEN (dir.). Paris. EHESS. Histoires et Civilisations, 2005.
DELBAERE, Denis, Table rase et paysage. Projet d'urbanisme et contextualité spatiale dans le plan Voisin de le Corbusier (1925) et la cité Concorde de le Maresquier (1954), Doctorat en sciences du langague, option, architecture et paysage, EHESS, Frédéric POUSIN (dir.), Paris, 2004.
FRIES, Franck, Damas (1860-1946) La mise en place de la ville moderne (Des règlements au plan), Thèse de Doctorat en Urbanisme et Aménagement, Stéfane YERASIMOS (dir.), Université Paris VIII, 2000.
GREEN, Peter. Patrick Geddes, Doctoral thesis, University of Strathclyde, 1970.
GREITZER, Iris, Worker's Cooperative Residences, thèse de Ph. D, Université hébraïque, 1982.
HELMAN, Anat, The Development of Civil Society and Urban Culture in Tei-Aviv during the 1920s and 1930s, thèse de Ph. D, Emanuel SIVAN et Hagit LAVSKY (dir.), The Hebrew University of Jerusalem, 2000 (MAT).
HYMAN, Benjamin, British Planners in Palestine, 1918-1936, Londres, Ph. D., lain Boyd WHYTE et Martin BIRKHANS (dir.), The London School of Economics and Political Science, 1994 (ISA)
KEIDAR. Michal, The Development of Gardens and Planting in Tel-Aviv 1909-1948, Ruth ENIS (dir.), Haifa, Israel Institute of Technology, Technion (Architectural Library, Faculy of Architecture and Town Planning-Urban and Regional Planning).
LEVINE, Marc Andrew, Overthowing Geography, Re-imagining Identities: a History of Jaffa and Tel-Aviv, 1880 to the Present, Thèse de Ph. D, New-York University, Department of Middle Eastern Studies, 1999 (MAT, UMI 0146 A 1999).
PURVES, Graeme A.S, The Life and Work of Sir Frank Mears (Planning with a Cultural Perspective), Édimbourg, Heriot-Watt University, 1987.
SHEHORY, Ilan, Tel-Aviv Be'hitgabshuta: 1909-1923 (La cristallisation de Tel-Aviv: 1909-1923), University of Tel-Aviv, 1989.
WELTER, Volker Werner Maria, Biopolis-Patrick Geddes, Edinburgh and the City of Life, Thèse de Ph. D., Iain Boyd Whyte et Martin Birkhans Edimbourg (dir.), The University of Edinburgh, 1977.
YEKUTIELI-KOHEN, Tel-Aviv as a Place in Stories, 1909-1939. Thèse, Maeter of Art degree, Nurit Govrin (dir.), Tel-Aviv University, Faculty of Humanities, Department of Hebrew Litterature, 1984.
YOM-TOV, Tirza, The Kibbutz: Ideals and Settlement Form, Tel-Aviv, Tel-Aviv University, 1983.

作品集章节

ABRAVANEL, Nicole, « Espace parcouru, espace perçu, les juifs sépharades, une culture à l'épreuve de l'espace européen, » in: VAYDAT, Pierre (dir.) L'Europe improbable, Lille, Conseil Scientifique de I'Université Charles-de-Gaule-Lille 3, 2005.
BEN-ARIEH, Yehoshua, « Urban Development in the Holy Land, » in: John PATTEN (dir.), The expanding City, Londres, Academic Press 1983.
BERLIN, Sir Isaiah, « The Origins of Israel, » in: LAQUEUR, Walter Z. (dir.), The Middle East in Transition (Studies in Contemporary History), New-York, Frederick A. Prager, 1958.
GEDDES, Patrick, « Civics as Applied Sociology, » Sociologicals Papers, Conférence prononçée à l'Université de Londres, Sociological Society, 18 juillet 1904, Londres, Macmillan & Co, 1965.
HELMAN. Anat, « East or West? Tel-Aviv in the 1920s and 1930s, » in: MENDELSOHN, Ezra (dir.), People of the City, Jews and the Urban Challenge, Studies in Contemporary Jewry, New York/Oxford, Oxford University Press, 1999.
KARK, Ruth, « Yaffo-mikfar le'ir, hashinuy bama'arach ha'irony [Jaffe, du village à la ville. Évolution urbaine], » in:

GROSMAN, David (dir.), Ben Yarkon ve Ayalon [Entre le Yarkon et l'Ayalon], Ramat Gan, Université de Bar Ilan, 1982.
REGEV, Yoav, « La cour juive » [Hazar ha'yehudim], in: ANER, Zeev (dir.), Sipurei Batim [Contes des maisons], Mod Publishing House, Tel-Aviv, 1988.
SHVA, Shlomo, « Tel-Aviv, » in: BARNAVI, Elie et Saül FRIEDLANDER (dir.), Les Juifs et le XXe siècle (Dictionnaire critique), Paris, Calmann-Lévy, 2000.
WEILL-ROCHANT, Catherine, -« Die Urbanität Tel-Avivs und die Renaissance der Jüdischen Bürgerschaft [L'urbanité de Tel-Aviv et la renaissance de la citoyenneté juive], » in: DACHS, Gisela (dir.), Orte und Raüme, Jüdischer Almanach, Frankfurt, Jüdischer Verlag/Suhrkamp, 2001. -« Myths and Buildings of Tel-Aviv, » International PhD Seminar Urbanism & Urbanization, After the City (A Genealogy of Urban Concepts), Leuven, Leuven, Katholieke Universiteit, 2004, n. p. -« Palestinian Houses and their Restoration, » Proceedings of the International Congress: More than Two Thousand Years in the History of Architecture (Safeguarding the Structures of Our Architectural Heritage), Maison de l'Unesco, 10-12 septembre 2001, Paris, Unesco, 2003, pp. 48-58.

期刊

Habinyan (A magazine of Architecture & Town-Planning), I. DICKER (dir.), D. CARMI (publ.), 1937, 1938.
Habinjan Bamisrah Hakarov, Tel-Aviv, J. DICKER (dir.), S. SUCHODOLER (publ.), vol. I à 11/12, Déc. 1934 à Mars 1937.
Building Up Palestine, Keren Hayessod, Palestine Zionist Executive, 3 décembre 1926.
Palestine Correspondance, Keren Kayemet le Israel, Palestine Zionist executive.
Yediot Tel-Aviv (Les nouvelles de Tel-Aviv), 1921 et 1922.
Yediot Iryat Tel-Aviv, 1925.

期刊特刊

«Tel-Aviv 40 Years, » Israel Travels News, Jérusalem, 1949.
« Tel-Aviv, A Land in Construction, » Palestine Illustrated, Jérusalem, Keren Hayesod, Vol. V/4-5, avril 1947.
« Tel-Aviv Forty Years, » Israel travel News, Léo RISSIN (dir.), Walter TURNOWSKY (publ.), Ministry of Communication and Immigration, Tourist Department, Vol. III/I, oct. -nov. 1950.
« Tel-Aviv ve ha-taria (Tel-Aviv et ses sites), » Ariel, vol. 48-49, mars 1987.
« Tel-Aviv a 80 ans, » Ariel, Revue des Atrs et des Lettres en Israël, Jérusalem, vol. 77-78, 1989.

文章

AGNON, Samuel Joseph, « Les débuts de Tel-Aviv, » Ariel (Revue des Arts et des Lettres en Israël), n°77-78, 1990.
AGRONSKY, Gershon, «Sir Herbert Samuel's Administration, » The Menorah Journal, July 1921.
AMIRY, Suad, CEJKA, Jan, «La maison palestinienne, » Histoire et Société.
BARKAI, Sam, POSENER, Julius, « Architecture en Palestine, » L'architecture d'AuJourd'hui, n°9, sept. 1937.
BIGER, Gideon, -Ariel, Revue des Arts et des Lettres en Israël, n°77-78, 1989. -« Tochnit Geddes, tochnit ha-mitar harishona shel Tel-Aviv (Le plan Geddes, premier plan d'urbanisme de Tel-Aviv), » ibid. n°48-49, mars 1987.
COHEN, Jean-Louis, «The New City, Henri Prost & Casablanca -The Art of making Successful Cities, » Modern Cities-The New City, Journal of the University of Miami School of Architecture. 1996.
« L'évolution des Cités. Patrick Geddes à l'exposition de la Cité Reconstituée, » La Française, Journal de Progrès féminin, nov. 1916.
EDER, M. David, « In Palestine », Sociological Review, n°24, oct. 1932.
FENSTER, Tovi. YACOBI. Haim, « Whose City is it? On Urban Plannig ang local Knowledge in Globalizing Tel-Aviv-Jaffa, » Planning Theory & Practice, Vol. 6, n°2, juin 2005.
FRENKEL, Eliezer, « Master Plan of Patrick Geddes, » Architecture of Israel, mars 1991.
GEDDES, Patrick, « Palestine in Renewal, » Contemporary Review, n°120, Octobre 1921.
HEINZE-GREENBERG, Ita, « Die weisse Stadt von Tel-Aviv, Anmerkungen zur Rezeption der Moderne im zionitischen Kontexte, » Kunst Chronik, avril 2006.
HÉNAFF, Marcel, « Vers la ville globale: monument, machine, réseau, » Esprit, La ville à trois vitesses: gentrification, relégation, périurbanisation, n°303, mars-avril 2004.
KARK, Buth, -« Jaffa-The Social and Cultural Center of the New Jewish Settlement in Palestine, » The Jerusalem Cathedra, n°3, 1983. -« The Rise and Decline of Coastal Towns in Palestine, » 1990.
KATZ, Yossi, « Ideology and Urban Development: Zionism and the Origins of Tel-Aviv, 1906-1914, » Journal of Historical Geography, n°12, 1986.
KAUFFMANN, Richard, « Planning of Jewish Settlements in Palestine, » The Town Planning Review.
KAUFMANN, Léo, «Workers'housing in Palestine, » Palestine & Middle East Economic Magazine, 1933.
LEVIN, Michael, « The Second Generation in Israeli Architecture, » Journal of Jewish Art, Vol. 7, 1980.
LEVIN, Ron, [«À la recherche du plan perdu, »], Maariv, Le magazine, 4 et 5, 8/12/2005 (hébreu).
LOOS, Adolf, Les Cahiers d'aujourd'hui, 1913; L'Esprit nouveau, 15 novembre 1920 (éd. or. 1908 ou 1910).
MELLER, Helen, « Cities and Evolution: Patrick Geddes as an International Prophet of Town Planning Before 1914, » The rise of Modern Urban Planning 1800-1914, Anthony) SUTCLIFFE ed., Mansell, Publishing.
ROTBARD, Sharon, « White lies, White City, » Territories, Builders, Warriors and Other Mythologies, Witte de With, Center for contemporary art, Rotterdam.
SCHIFFMAN, Yaacov, « The Building Industry in Palestine, » Palestine & Middle East Economic Magazine, 1933.
SCHNELL, L., « La représentation de Tel-Aviv dans l'art sioniste, » Géographie et Culture, n°36, Hiver 2000.
SHEHORI, I., « Tel-Aviv's Struggle for Municipal Autonomy, » MERHAVIM, Studies in the Geography of Israel and the Middle East, vol. 4, 1991.
STÛBBEN, Joseph, «Practical and Aesthetic Principles for the Laying Out of Cities, » Transactions of the American Society of Civil Engineers, XXIV 1893 (trad. fr., Ch. BULS, La construction des villes, Bruxelles, Lyon-Claesc, 1985).
WEILL, Nicolas, Le Monde, 21 mai 1996.
WEILL-ROCHANT, Catherine, « Tel-Aviv des années trente. Béton blanc sur la terre promise, » Architecture d'Aujourd'hui, juin 1994.
WELTER, Volker M., « The Republic of Patrick Geddes, » Edinburgh Architecture Research, n°21, 1994.

特拉维夫的特殊历史使我们无法获得与本书相关的所有信息。

除非特别说明，分析图均是在 Yuval Borochov 的协助下完成的。

缩写与来源

AA: in L'Architecture d'aujourd'hui, 1937.
ABF: Albert Blaih Family Archive, Australie (Bayswater), in Glenk, 2005.
AHRC: Architectural Heritage Research Centre, Technion, in Herbert, 1983.
AIC: The Art Institute of Chicago.
AR: in Ariel, 1989.
AWM: Australian War Memorial, Canberra, in Kedar, 1994.
BA: Bauhaus-Archiv, Berlin.
BH: Bayerisches Hauptstaatsarchiv, Munich, in Kedar, 1994.
BC: Bauhaus Center, Tel-Aviv.
BR: Avraham Yacov Braver (dir.), Ben Nissim (dessinateur), planches, in Druyanov, 1936.
BSN: Blackstone Studios, New York.
CA: in Canaan, 1933.
CDP: in Castex, 1977.
CRFJ: dessin Marjolaine Barazani, Centre de recherche français de Jérusalem.
CWR: © CWR. Plans in Weill-Rochant. Thèse de doctorat, université de Paris 8, 2006 (graphisme: Yuval Borochov); photographies: 1991 ou 1995; dessins: 2006; cartes postales: collection de l'auteur.
CZA: The Central Zionist Archives, Jérusalem.
D: in Droste, 1990.
EJ: in Encyclopaedia Judaïca.
FL: in Fisher, 1984.
GD: Planche in Geddes 1925.
GF: Photo George Fessy, 1994.
GO: in Gonen, s. d.
H: in Herzl, 1960.
HBH: in Habinjan Bamisrah Hakarov, 1937.
HN: in Habinyan, 1937, 1938.
HS: in Herbert, 1993.
HUA: The Hebrew University of Jerusalem, Air Photo Archives.
HUC: The Hebrew University of Jerusalem, cartothèque du département de géographie.
IK: photo Isaac Kalter, 1930's, The Tel-Aviv Museum of Art-Association of Architects and Engineers in Israël.
ILDC: Israel Land Development Company, Natania.
ISA: Israel State Archives, Jérusalem.
JAA: Jewish Agency Archives, Jérusalem.
JBK: Photo J. Benor-Kalter, années 1930, © S. Adler, Haifa, Hadar Hacarmel.
JMP: Photo Jean-Marc Pillas, 2003.
JNU: The Jewish National & University Library, Jérusalem
K: in Kedar. 1999.
KA: in Kalir, 1961
KH: Keren Hayesod.
LD: Landesbildstelle, Stuttgart.
LC: The United States Library of Congress, collection Eric Matson, photo Eric Matson.
MAT: The Municipal Archives of Tel-Aviv-Yafo, Tel-Aviv.
MDR: Archives de Mies van der Rohe, Musée d'art moderne de New-York.
MHT: Musée d'histoire de Tel-Aviv, Ramat Gan.
NLS: National Library of Scotland, Edimbourg.
P: © Palphot Ltd., Herzliya, 1984, in Ron, 1984.
PI: in Piccinato, 1977.
PO: in Pommer, 1991.
PLDC: Palestine Land Development Company.

RSW: in Revault, 1997.
S: Photo Avraham Soskin, in Soskin, prob. 1926, © Museum of the History of Tel-Aviv.
SC: Schwadron Collection.
SH: in Sharon, 1976.
SY: in Shany, 1988.
SI: Survey of Israel (Ministry of Construction), Tel-Aviv.
STM: Service technique de la municipalité de Tel-Aviv.
SUA: Strathclyde University Archives-Geddes Collection, Glascow.
SZ, 1994: in Metzger-Szmuk, 1994.
SZ, 2004: in Metzger-Szmuk, 2004.
TAU: University of Tel-Aviv, cartothèque du département de géographie.
TMA: Tel-Aviv Museum of Art, Department of Photography, Tel-Aviv.
YTA: in Yediot Tel-Aviv (Les nouvelles de Tel-Aviv).

Photo page 6: © Getty images
Photo page 151: Sylvain Grandadam/AFP

档案馆图纸以最初的形式呈现。只有一些标记加注在资料上：雅法、Dizengoff广场和亚孔河的位置。

注解中提到的地图的比例是资料原件中的比例。

分析性的地图中，在档案资料上增加了一些说明，“基础”一词出现在图纸来源之前。

致谢

本书是我的城市学、城市规划和历史保护研究博士毕业论文的修正版。法国国家科研中心科研主任暨法国耶路撒冷研究中心主任皮埃尔·德·米罗舍迪（Pierre de Miroschedji）及他的团队在我论文准备过程中很好地帮助了我，并提供了良好的工作环境。在此要感谢其所有成员，尤其感谢社会学博士弗洛伦斯·海曼（Florence Heymann）女士的无私支持和该中心前主任多米尼克·波热（Dominique Bourel）先生的早期援助。

寇恩（Jean-Louis Cohen）在我刚开始学习建筑时让我喜欢上了建筑史，20年后他又指导我的论文写作。寇恩的教学很严格，柔中带刚，能预见学生的发展。我对他充满感激之情。

伯纳德·沙奇（Bernado Secchi）全程跟踪了论文进展，感谢他的关心。

我要感谢这项研究的发起者，巴黎美丽城国立高等建筑学院的Serge Santelli教授、巴黎拉维莱特国立高等建筑学院的Philippe Revault教授、耶路撒冷希伯来大学的历史学教授Simon Epstein和特拉维夫大学研究法兰西文明的丹尼斯· 比特（Denis Charbit）教授。Epstein教授首次和我见面时就商谈了此项研究。

两位讲法语的以色列同事Bernado Secchi和Philippe Revault阅读了我的论文，特拉维夫建筑师菲利皮·布兰德斯（Philippe Brandeis）的评论非常宝贵，海法高等技术学院的建筑师和教师Silvina Sosnovsky的评论在2006年夏季战争中因办公室遭轰炸而散失，我同样感激他们。

还有两位特殊人物。一位是伦敦政治经济学院律师本杰明·海曼（Benjamin Hyman）博士，他写作了1918—1936年间在巴勒斯坦的英国规划师的工作，还把他收集的档案资料和一卷极为珍贵的图片送到我的桌上。耶路撒冷犹太国立大学图书馆交流部主任Schlomo Goldberg则从图书馆里帮我找出盖迪斯爵士的签名原件和一份前所未见的图纸。没有他们的帮助，我的调查和研究就会有很大缺憾，在此真诚感谢他们。记者Ben Dror Yemini和以色列土地开发公司Chaya Chavit秘书长对“遗失图纸”的研究提供了宝贵的帮助……

同样感激特拉维夫创建者们的后裔以及20世纪30年代执业建筑师的孩子们，他们付出大量时间和我交流。

幸好有档案工作者，他们是过去很长时间里唯一接触到这些资料的人。为了他们的接待和友好态度，一定要在此感谢他们：Tel-Aviv-Yafo档案馆的Tziona Raz主任和Rivka Preshel-gershon馆员，特拉维夫市政府技术局图档室的Dany Less主任，耶路撒冷锡安主义档案馆保管员Simone Schliechter、前主任Shoshana Palmor和Yoram Mayorek、前保管员Sarah Palmor，特拉维夫历史博物馆的Batia Karmiel主任，格拉斯哥Strathclyde大学档案馆的Jim McGrath主任和Angela Seenan保管员，苏格兰爱丁堡国立图书馆Sheila Mackenzie保管员、档案馆员Olive Geddes和Michael Nix。

尽管有现代信息手段，但如果没有人之间的沟通就做不好任何一项“国际”研究。巴黎美丽城建筑学院的Christine Belmonte这些年来一直负责高效而友好的联络，法国耶路撒冷研究中心的Lyse Baer、Marjolaine Mgnon-Barazani以及刚刚过世的Elizabeth Warshawski也在这六年中帮助联络，Sarah Gilboa Karni帮助我联系查询以色列档案。感谢她们所有人。

离开 Alfred Musallam 和 Nicole Hirondelle 的友好帮助也不可能完成这项工作，他们在最困难的时候挺身而出。我还要感谢我现在的法国家庭和离散的以色列家庭，家人们都对我的研究做出了贡献，尤其是 Pierre Weill，他的职业命运把我带到了以色列，Jean-Marc Pillas 一直陪伴着我，还有我的女儿 Ines Weill-Rochant，她很机敏地看着这一切的发生。

谨将此书献给我的祖父母 Régine 和 Maurice Rosencwajg，外公外婆 Liebe 和 Aaron Eisenbach，他们 1932 年从波兰移民来到光明的法兰西。

凯瑟琳·维尔-罗尚

译后记

2010 年 4 月 14 日我站在特拉维夫的包豪斯书店里，自看到它的第一刻起，就有意翻译这本法语版原作，以便把特拉维夫极具特色的一百年建城历程和背后的故事直接介绍给中国读者。这本书不厌其烦地列述了繁复的细节和林林总总的故事，展示了大量珍贵的图片（许多是第一次面世和孤版），不刻意回避某些历史细节和问题，不空谈彼时极为先锋的宏大理论，又能从中映射出宏大纷纭的历史事件和政治背景，这让我非常敬佩原作者凯瑟琳。当然，最能打动我的，也是计划编译《以色列规划建筑丛书》的根本动机，是对犹太民族自强不息精神的尊敬，是对他们重视教育和文化传承、打造高科技强国的羡慕。虽然我们几乎每天都能在新闻中听到、看到以色列的消息，但对这个充满传奇和创新的国度，中国读者并不熟悉，有必要多知道一些。

为方便普通读者阅读，大部分人名和地名都尽量翻译出来，译者注也比通常的译著要多些。希望能对读者有所帮助，或许也属画蛇添足，还请见谅。同时，无论是事件或地域、图示或名称，书中总会涉及一些历史性和地区性的敏感话题，我们只能尽量避免容易引起误会的说法，并做少量删略。但无论如何，本译丛旨在引介不同的历史文化和城市建筑艺术，既不代表译者、也不能代表原作者的政治观点。这一点不得不郑重声明，并衷心希望终有一天和平能降临这片土地。

摩西·马格里特（Moshe Margalith）教授的热情引荐和原作者凯瑟琳·维尔 - 罗尚（Catherine Weill-Rochant）女士以及法国耶路撒冷研究中心（CNRS）等机构的授权使我的梦想变得可能。同济城市规划设计研究院、城市开发分院、亚太遗产中心（UNESCO WHITRAP-Shanghai）、上海云端城市规划设计中心和同济大学出版社的大力支持，把梦拉得更近。但如果没有向荣的帮助，以我那连半瓶醋都不到的法语，无论如何是不可能完成翻译工作的，更不要说里面还有大量人名和地名涉及阿拉伯、英国、德国、西班牙和希伯来的语言和历史。同济大学出版社江岱副总编带病坚持工作，多次校对稿件，令我感动。

除了中以联合上海提篮桥地区城市设计研究和教学活动，本书是中以城市创新中心（UIC）的第一个成果。中以城市创新中心刚刚成立，举步维艰，我希望它能越来越好。

这书的每一个字都是利用在深夜或节假日时间翻译和润色的，因此这大半年来缺席了建军等人的不少活动，有些愧疚。“现在大学里谁还傻得翻译书啊”，这是不只一次听到的话。好在有女儿在身边蹦蹦跳跳，妻子不断念叨着“少抽点儿烟啊你！”算是苦中有乐。谢谢她们。

王骏

2013 年深秋，于响棚

图书在版编目（CIP）数据

特拉维夫百年建城史：1908—2008 年 /（法）维尔 - 罗尚 (Weill-Rochant,C.) 著；王骏，张向荣，张照译 . -- 上海：同济大学出版社，2014.5

（以色列规划建筑译丛 / 王骏，（以）马格里特（Margalith,M.）主编）

书名原文：L' atlas de tel-Aviv：1908 ～ 2008

ISBN 978-7-5608-5479-3

Ⅰ . ①特… Ⅱ . ①维… ②王… ③张… ④张… Ⅲ . ①城市史－建筑史－特拉维夫－ 1908 ～ 2008 Ⅳ . ① TU-098.138.2

中国版本图书馆 CIP 数据核字 (2014) 第 072907 号

特拉维夫百年建城史：1908—2008 年

[法] 凯瑟琳 · 维尔 - 罗尚（Catherine Weill-Rochant）著

王 骏 张向荣 张 照 译

责任编辑 江 岱 助理编辑 陈 淳 责任校对 徐逢乔 装帧设计 张 微

出版发行 同济大学出版社 www.tongjipress.com.cn

（地址：上海四平路 1239 号 邮编：200092 电话：021–65985622）

经 销 全国各地新华书店

印 刷 上海盛隆印务有限公司

开 本 889mm × 1194mm 1/16

印 张 10.5

印 数 1—2 100

字 数 328 000

版 次 2014 年 5 月第 1 版 2014 年 5 月第 1 次印刷

书 号 ISBN 978-7-5608-5479-3

定 价 48.00 元